注册建筑师考试丛书
一级注册建筑师考试

# 建筑方案设计（作图）通关必刷题

（第二版）

王伟（消防电梯） 著

中国建筑工业出版社

图书在版编目（CIP）数据

一级注册建筑师考试建筑方案设计（作图）通关必刷题 / 王伟著 . — 2 版 . — 北京：中国建筑工业出版社，2021.11

（注册建筑师考试丛书）

ISBN 978-7-112-26662-3

Ⅰ. ①一… Ⅱ. ①王… Ⅲ. ①建筑方案 — 建筑设计 — 资格考试 — 习题集 Ⅳ. ① TU201-44

中国版本图书馆 CIP 数据核字（2021）第 198168 号

本书共收录了 24 道建筑方案设计（作图）练习题，并将其按难易程度和类型分成了 4 章，分别是入门难度、进阶难度、强化难度和真题难度（2014 ~ 2021 年真题）。

前 3 章的模拟题从易到难设置，使读者像闯关一样，在做题当中感受方案设计的乐趣；第 4 章是百分之百还原考试真题。每道题目之后都配有解析、参考答案和立体模型。前 3 章模拟题的答案是作者出题时的原始平面。出题的顺序是先有方案，再编写题目，通过方案试做调整题目，最后成型，所以其答案具有很高的参考价值。第 4 章真题的答案是作者在考场上的真实作答，最大限度地还原了考场上解题的真实状态。解析可以帮助考生了解每道题目的考点和突破口，使之有针对性地调整复习方向；立体模型可以帮助考生建立三维概念，从"体"的角度认识考试。

本书主要供一级注册建筑师考试"建筑方案设计（作图）"科目的应试者参考；对于大专院校建筑学专业的学生、从事工程设计实践的青年建筑师，以及相关专业的设计人员也有较好的参考价值。

责任编辑：张　建
文字编辑：黄习习
责任校对：焦　乐

注册建筑师考试丛书
**一级注册建筑师考试建筑方案设计（作图）通关必刷题**
（第二版）
王伟（消防电梯）著

\*

中国建筑工业出版社出版、发行（北京海淀三里河路 9 号）
各地新华书店、建筑书店经销
北京点击世代文化传媒有限公司制版
北京市密东印刷有限公司印刷

\*

开本：787 毫米 ×1092 毫米　1/16　印张：16½　字数：319 千字
2021 年 11 月第二版　2021 年 11 月第一次印刷
定价：58.00 元
ISBN 978-7-112-26662-3
（38494）

版权所有　翻印必究
如有印装质量问题，可寄本社图书出版中心退换
（邮政编码 100037）

你好，未来的一注

平日里在角落寂寞,关键时救人于水火。
——消防电梯

# 前言

你好，我是消防电梯。

我是一名普通的设计师，近几年在一注考试上花了一些时间和精力，也有一些不成熟的经验和总结，在这里分享给你，希望对你能够有所帮助。

这是一本方案作图练习册，包含4个板块、24道题目。题目难度系数也是各不相同，从入门到进阶，再到强化，最后是真题，逐级递进。希望你能像打怪升级一样逐个击破，最终拿到开启方案作图大门的钥匙。

前面的18道模拟题中，除去几道题目是由历年真题改编，其余均是我们参考实际工程项目，再结合近几年考试改革和趋势，精心编制的原创题目。题目的参考答案就是原始平面，不是试作答。

后面的6道真题就是2014～2021年的试题，没有作任何修改。但后面的参考答案是消防电梯的试作答，基本上都是在考场上6小时内完成的。所以很多细节可能不是很到位，毕竟水平有限，时间有限。不过好在，勉强都能及格。

本书是在中国建筑工业出版社张建编辑的建议下写成的，也得到了刘瑞霞编辑的鼎力协助，在此表示感谢。本书的文稿由张婧、王云鹏、王玉双、文姝、周鑫宇协助录入校对，图稿由张婧、文姝、周鑫宇协助绘制，在此对他们的支持和帮助一并表达谢意。

欢迎各位同仁和读者对本书进行阅读和指正。

最后，希望你通过练习，提高自己的设计能力并通过方案作图考试。

王伟（消防电梯）
2021年8月

# 目录

## Part 1 入门难度

1-1 平面拼图 10
1-2 立体拼图 13
1-3 幼儿园方案设计 17
1-4 厂房改造方案设计 24
1-5 高层病房楼方案设计 30
1-6 软件园宿舍方案设计 39

## Part 2 进阶难度

2-1 汽车 4S 店方案设计 50
2-2 康复中心方案设计 60
2-3 菜市场方案设计 68
2-4 综合服务中心方案设计 78
2-5 民俗展览馆方案设计 88
2-6 社区文体活动中心方案设计 99

## Part 3 强化难度

3-1 急诊楼方案设计 112
3-2 银行方案设计 125
3-3 法院扩建项目方案设计 137
3-4 市民服务中心方案设计 149
3-5 市民健身中心方案设计 161
3-6 城市规划展览馆方案设计 173

# Part 4 真题难度

4-1 老年养护院方案设计（2014年真题） 186
4-2 旅馆扩建项目方案设计（2017年真题） 198
4-3 公交客运枢纽站方案设计（2018年真题） 210
4-4 多厅电影院方案设计（2019年真题） 222
4-5 遗址博物馆方案设计（2020年真题） 234
4-6 学生文体活动中心（2021年真题） 245

**参考文献** 257

**电梯语录** 258

# 练习计划及践行记录

| 时间 | 内容 |
|---|---|
|  |  |

**未来的一级注册建筑师：**　＿＿＿＿＿＿＿

# Part 1
## 入门难度

本章题目为入门级难度。
练习时不用拘泥于方法套路，
就像孩子们玩拼图游戏一样就好。

## 1-1 平面拼图

**文字要求：**

1. 本建筑共分为三区，一区、二区、三区。三个分区相对独立，且两两相连。
2. 建筑外轮廓及房间分割参考线见配图，房间轮廓宜在参考线上。
3. 房间关系图见功能关系图；E1 分别和 A1、A2、B1、B2 联系，A1 和 B1 有联系，A2 和 B2 有联系，E2 分别和 A1、A2、B1、B2、D1、D2 联系，E3 分别和 C1、C2、D1、D2 联系；E2 和 E3 也应有联系。
4. 房间数量及面积见面积示意表。

**面积示意表：**

| | 分区 | 房间 | 格子数 |
|---|---|---|---|
| 外框 | 一区 | A1、A2 | 2×2 |
| | | B1、B2 | 3×2 |
| | | E1、E2 | 5×2 |
| | 二区 | D1、D2 | 6×2 |
| | 三区 | C1、C2 | 4×2 |
| | | E3 | 5 |
| | 总格子数 | | 45 个 |

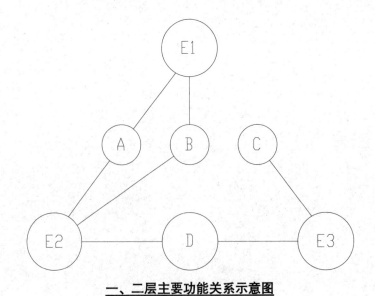

**一、二层主要功能关系示意图**

建筑外轮廓及房间分割参考线

## 解题要点

1. 题目解析略。
2. 参考答案:

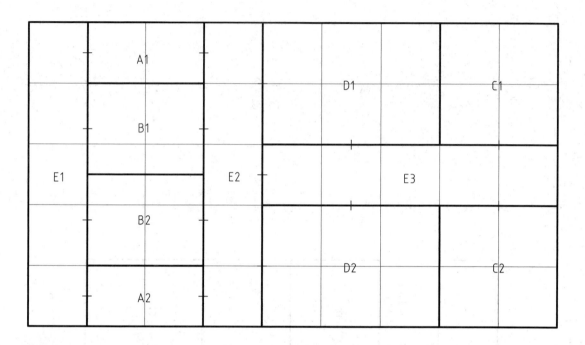

3. 复盘总结（由考生完成）:

# 1-2 立体拼图

**建筑外轮廓：**

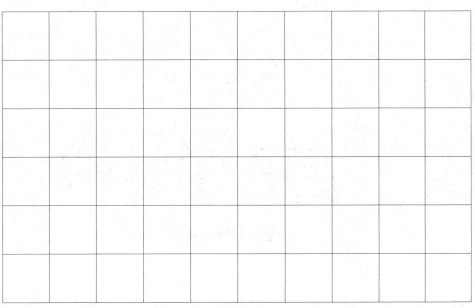

一层外轮廓

二层外轮廓

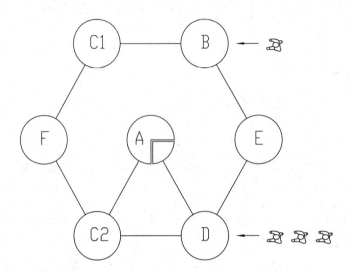

**一层功能关系示意图**

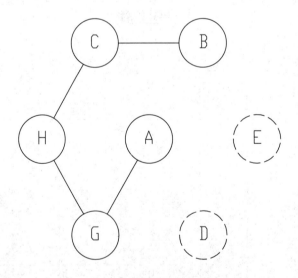

**二层功能关系示意图**

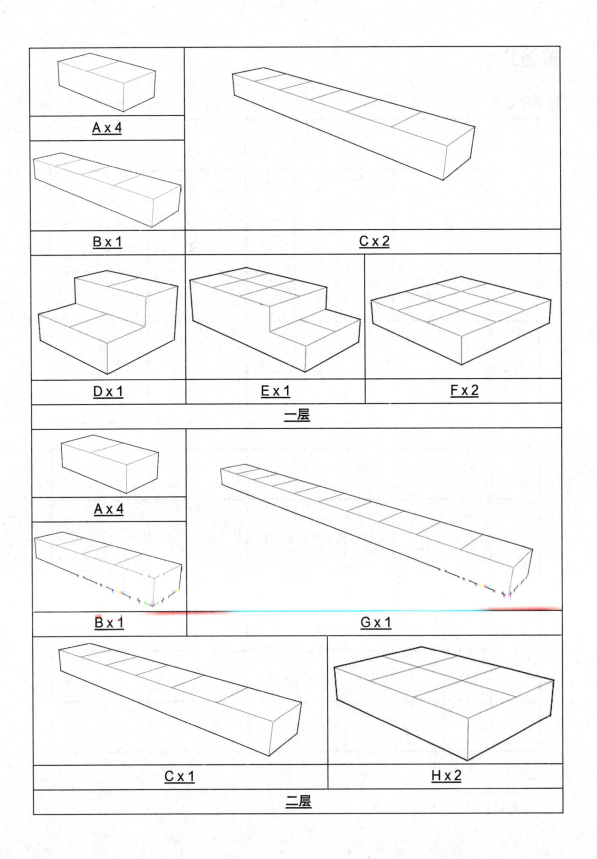

## 解题要点

1. 参考答案：

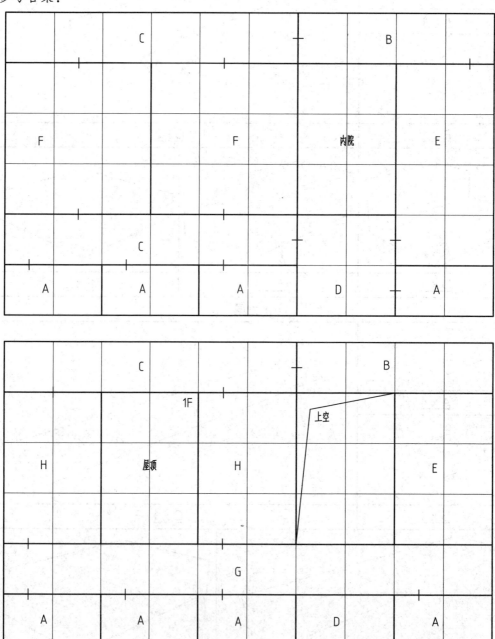

2. 复盘总结：

# 1-3 幼儿园方案设计

**任务描述：**
某居住区内拟建一座建筑面积约 2900m² 的 6 班幼儿园，具体要求如下。

**总图：**
在建筑控制线内布置建筑物（雨篷、台阶允许突出建筑控制线）。基地内地势平坦，有保留大树若干，具体情况见总平面图。
建筑主出入口设在北面，厨房出入口设在东面。

**建筑设计要求：**
幼儿园由管理用房、后勤用房和幼儿生活用房组成。各功能房间面积及要求详见面积表。

一、管理用房：
1. 晨检室与医务室设置在主入口附近，位置需避开儿童经常活动区域。
2. 首层展示廊设置通向南侧班级活动场地的出入口，并应与门厅紧密联系。

二、后勤用房：
厨房前应设杂物院，朝向东侧开门；货物或垃圾经过杂物院进入或运出厨房。

三、幼儿生活用房：
1. 多功能活动室需要有东侧或西侧采光，并宜有直接的对外出入口。
2. 班级单元内部流线：活动室、寝室应朝南；过厅与卫生间、衣帽间及活动室联系紧密；活动室与寝室联系紧密。首层活动室设置通向南侧班级活动场地的出入口。

**其他：**
1. 本建筑为钢筋混凝土结构。
2. 建筑层高：除多功能活动室层高为 4.5m 外，一、二层其他房间层高均为 3.6m。室内外高差为 150mm。
3. 采光通风：面积表内"采光通风"栏内标注√号的房间，要求有天然采光和自然通风。

## 表一：一层用房、面积及要求

| 分区 | 房间 | | 建筑面积（m²） | 间数 | 采光通风 | 备注 |
|---|---|---|---|---|---|---|
| 管理用房 | *门厅 | | 96 | 1 | √ | |
| | 警卫室 | | 18 | 1 | √ | 与门厅紧密联系 |
| | 教师值班室 | | 18 | 2 | √ | 每间18m² |
| | 教具室 | | 18 | 2 | √ | 每间18m² |
| | 办公室 | | 36 | 1 | √ | |
| | 储藏室 | | 18 | 1 | √ | |
| | 晨检室 | | 18 | 1 | √ | 与门厅紧密联系，且靠近医务室 |
| | *医务室 | | 36 | 1 | √ | 内含隔离室12m²，卫生间6m² |
| | 卫生间 | | 18 | 1 | √ | |
| | *展示廊 | | 144 | 1 | √ | 含一部直跑楼梯，兼交通廊 |
| 后勤用房 | 洗衣房 | | 12 | 1 | | |
| | 厨房 | *操作间 | 72 | 1 | √ | |
| | | 更衣室 | 9 | 1 | | |
| | | 库房 | 12 | 2 | | 每间12m² |
| | | 备餐间 | 18 | 1 | | 含餐梯一部 1m×1m |
| | | 洗消间 | 9 | 1 | | |
| 幼儿生活用房 | *多功能活动室 | | 168 | 1 | √ | |
| | *班级单元 | 过厅 | 9 | 3 | | 每间9m² |
| | | 活动室 | 72 | | √ | 每间72m² |
| | | 寝室 | 58 | | √ | 每间58m² |
| | | 衣帽间 | 12 | | | 每间12m² |
| | | 卫生间 | 24 | | | 每间24m²，含盥洗室10m²，厕所14m² |
| 其他 | 交通面积（走道、楼梯等）约285m² | | | | | |
| | 一层建筑面积 1578m²（允许5%） | | | | | |

注：*号房间需在平面图中标注面积，本书其他表格同此。

## 表二：二层用房、面积及要求

| 分区 | 房间 | | 建筑面积（m²） | 间数 | 采光通风 | 备注 |
|---|---|---|---|---|---|---|
| 管理用房 | 办公室 | | 18 | 3 | √ | 每间18m² |
| | 会议室 | | 36 | 1 | √ | |
| | 园长室 | | 18 | 1 | √ | |
| | 财务室 | | 18 | 1 | √ | |
| | 教具室 | | 18 | 2 | √ | 每间18m² |
| | 卫生间 | | 18 | 1 | √ | |
| | *展示廊 | | 72 | 1 | √ | |
| 后勤用房 | 厨房 | 备餐间 | 18 | 1 | | 含餐梯一部 |
| | | 洗消间 | 18 | 1 | | |
| 幼儿生活用房 | 兴趣活动室 | | 36 | 3 | √ | 每间36m² |
| | 图书室 | | 58 | 1 | √ | |
| | *班级单元 | 过厅 | 9 | 3 | | 每间9m² |
| | | 活动室 | 72 | | √ | 每间72m² |
| | | 寝室 | 58 | | √ | 每间58m² |
| | | 衣帽间 | 12 | | | 每间12m² |
| | | 卫生间 | 24 | | | 每间24m²，含盥洗室10m²，厕所14m² |
| 其他 | 交通面积（走道、楼梯等）约323m² | | | | | |
| | 总建筑面积 1302m²（允许5%） | | | | | |

# 20 | 入门难度

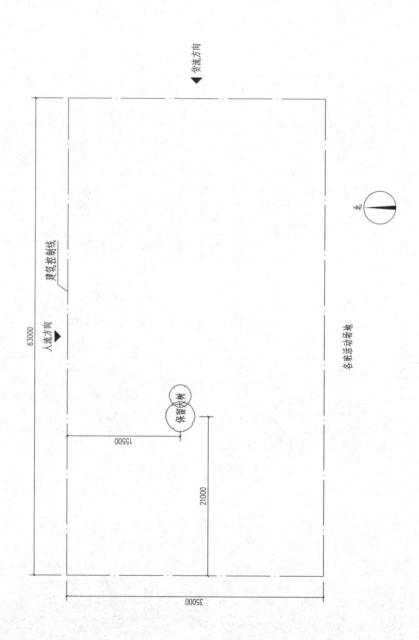

## 解题要点

1. 题目解析：

　　幼儿园是二注常见的考试题目，分区和流线都相对简单，目的是检验一下同学们对方案设计最基本的认识。功能还是第一位的，建造的初衷就是为了实现某种功能。而幼儿园的核心功能就是给孩子们提供一个场所，所以我们要重点关注幼儿园生活用房的组合。

　　（1）单元式房间组合：

　　儿童活动单元是重点，寝室、活动室、衣帽间、盥洗室、卫生间五个房间的组合是难点，前面设置一条走廊把多个单元连接在一起即可。

　　（2）一条廊一排房的基本布局：

　　所有的建筑方案都可以用一条廊一排房的布局来实现，如果不行，那就一条廊两排房。幼儿园这个题目就是这样，上面一条廊一排房，下面一条廊一排房，上下廊子之间用一个垂直的廊子连接，形成工字形走廊的布局。

2. 参考答案：

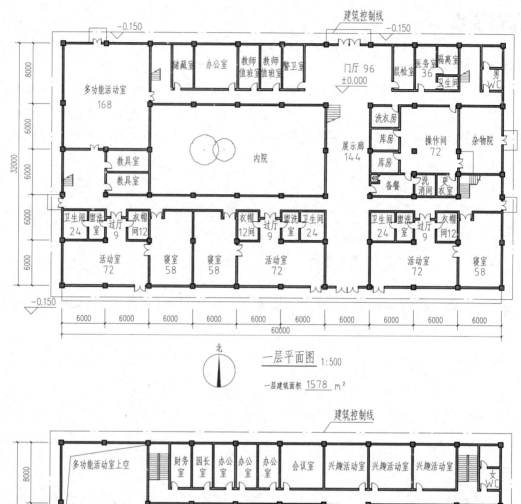

一层平面图 1:500

一层建筑面积 1578 m²

二层平面图 1:500

二层建筑面积 1302 m²

3. 立体模型：

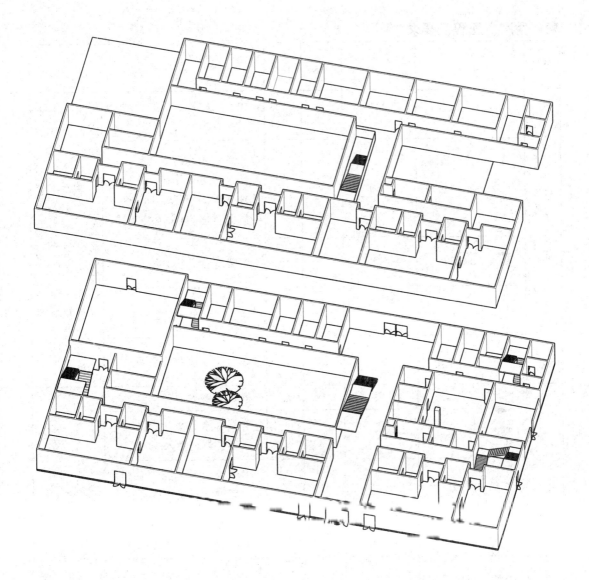

4. 复盘总结：

## 1-4 厂房改造方案设计

### 表：用房、面积及要求

| 分区 | 房间 | 建筑面积（m²） | 数量 | 采光 | 备注 | |
|---|---|---|---|---|---|---|
| 运动区 | *门厅 | 144 | 1 | √ | 含16m²服务台一处，朝城市道路方向开门 | 1. 相对独立，可独立经营；2. 运动区需要与教学区、办公区有联系，可通过运动场地实现；3. 多功能运动场区需朝南；4. 本区交通面积为0 |
| | *多功能运动场地 | 960 | 1 | √ | 功能包括羽毛球、篮球、室内五人制足球等；场地具体尺寸为20m×36m，四周需留出2m安全空间 | |
| | 更衣、淋浴 | 32 | 2 | | 不需要进行二次分隔 | |
| | 卫生间 | 32 | 2 | | 男卫、女卫各32m² | |
| | 库房 | 64 | 2 | | 与多功能场地紧密联系 | |
| 教学区 | *门厅 | 128 | 1 | √ | 朝城市道路方向开门 | 1. 教学区需要与运动区、办公区有联系；2. 教室前走道适当放宽，宜3m；3. 本区交通面积为197m² |
| | 服务台 | 48 | 1 | | 包含服务台、办公、库房各16m²，且靠近主入口位置 | |
| | 快餐店 | 64 | 1 | √ | 相对独立，计划招商兰州拉面，朝城市道路方向开门 | |
| | 商店 | 64 | 1 | √ | 与门厅连通，同时兼顾独立对外经营 | |
| | *大舞蹈教室 | 128 | 1 | √ | 含16m²更衣、16m²库房各一间 | |
| | *小舞蹈教室 | 96 | 2 | √ | 各含16m²更衣、16m²库房各一间 | |
| | *跆拳道教室 | 64 | 2 | √ | 相对集中布置，并靠近本区门厅 | |
| | 教师休息室 | 48 | 1 | √ | 同时向办公区和教学区开门 | |

续表

| 分区 | 房间 | 建筑面积（m²） | 数量 | 采光 | 备注 | |
|---|---|---|---|---|---|---|
| 教学区 | *家长上网休息区 | 225 | 1 |  | 包含25m² 咖啡甜点制作间、15m² 吧台、185m² 休息区；休息区要求能看到多功能运动场地 | |
| | 卫生间 | 42 | 1 |  | 包含男卫16m²、女卫16m²、残卫5m²、清洁5m² | |
| 办公区 | 办公门厅 | 32 | 1 | √ | 朝内部道路方向开门 | 1.入口位置可考虑原有卷帘门位置；2.办公区需要与运动区、教学区有联系；3.本区可借用教学区厕所；4.本区交通面积为56m² |
| | 值班室 | 24 | 1 | √ | 要求与门厅相邻，监控办公区出入口 | |
| | 办公室（区） | 48 | 1 | √ | 可以是房间，也可以是开放办公区 | |
| | *会议室 | 48 | 1 | √ | 同时向办公区和多功能运动场地开门 | |
| | 财务室 | 24 | 1 | √ | 要求与领导办公室相邻 | |
| | 领导办公室 | 24 | 1 | √ | 要求位置相对私密 | |
| 其他 | 交通面积（走廊）约257m² | | | | | |
| 本层建筑面积　2880m² | | | | | | |

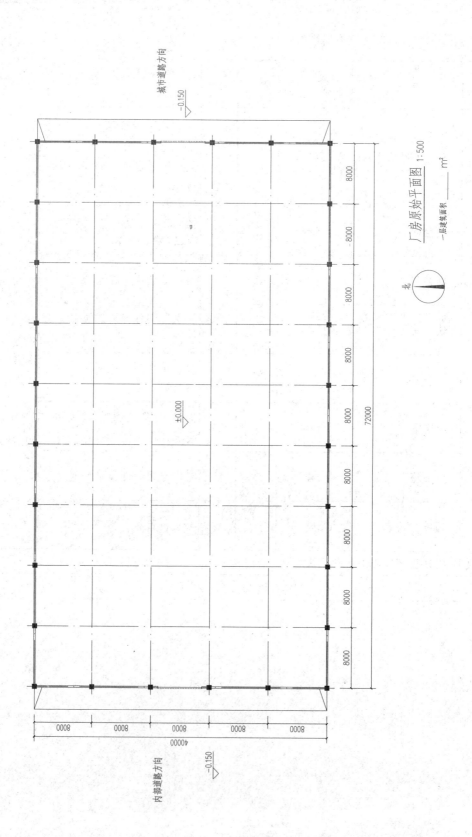

## 解题要点

1. 题目解析：

一个只有面积表和现状平面的改造类题目，柱网已经给定，也只有一层平面，不需要考虑楼梯的布置和竖向的组织。所以说难度系数并不高。

通过这个题目，我们应该学习并掌握以下两点内容：

(1) M 和 m：

8m 柱网确定之后，根据走廊位置的不同，会出现两种不同模数面积的房间。一个是 8×8=64，一个是（8-2）×8=48。

64 相关的房间有：多功能运动场地 960、大舞蹈教室 128、小舞蹈教室 96、库房 64、快餐店 64、卫生间 32、淋浴 32 等。

48 相关的房间有：小舞蹈教室 96、服务台 48、教室休息 48、会议室 48、财务室 24、值班室 24 等。

64 就是 M，通常大房间会和它有关系，比如 960 的多功能运动场地就是 15 个 M，3×5 的房间就刚刚好。48 就是 m，通常小房间和它有关系，一跨柱网内含有一条 2m 的走道，旁边都是像办公、值班、卫生间这样的小房间。

(2) 面积表解读：

面积表是方案作图考试题目中信息最多且最容易漏读的元素，且不可或缺。文字可以没有，气泡图可以没有，图例可以没有，但不能没有面积表。

我们可以通过面积表得到以下信息：

柱网尺寸；

功能分区；

一次分区；

房间的面积及可能的形状；

房间和房间之间的关系是否有内院、中庭、共享、架空或局部屋面。

初学者建议在解读面积表的时候可以对每个房间进行穷举，一个一个画出每个房间之后，再尝试进行组合。

2. 参考答案：

## 28 ｜入门难度

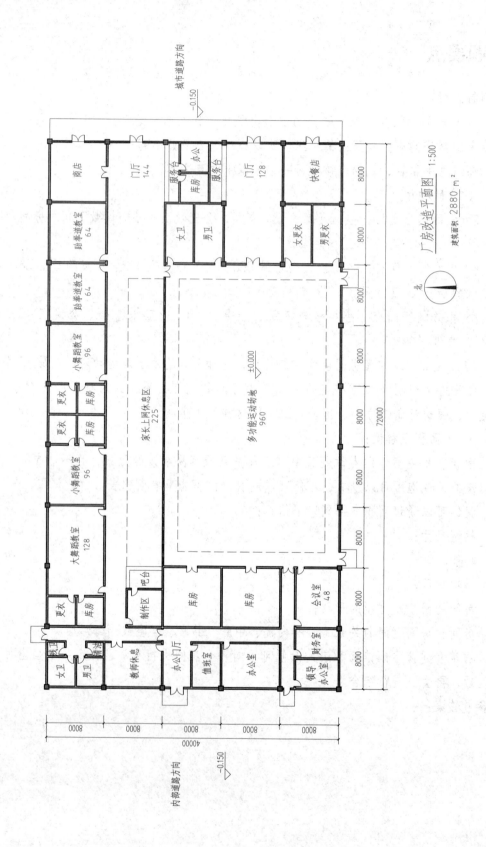

3. 立体模型：

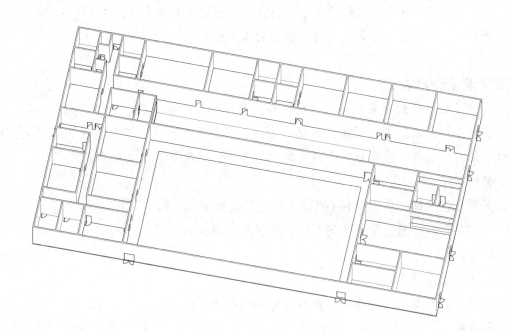

4. 复盘总结：

# 1-5 高层病房楼方案设计

**任务描述：**

根据医院发展需要，拟在基地东南侧空地上新建病房楼1栋，共8层。其中一～七层为病房层，八层为手术层，总建筑面积约为9200m²。

**建筑平面设计要求：**

要求设计该建筑中第三层的内科病房层和第八层的手术层。病房层由公共区、护理区和医务区组成，手术层由公共区、手术区和医务区组成。要求各区相对独立，流线组织清晰。用房、面积及要求详见表一、表二，功能关系图见示意图。

一、公共区
1. 设置两台担架梯和一部楼梯（可作为消防疏散楼梯）。
2. 二、三层休息厅通过架空走廊与门、急诊楼和医技楼联系。

二、护理区
1. 所有病房均应朝南。
2. 护士站位置良好，同时与治疗室和处置室相邻布置。

三、手术区
1. 严格按照洁污分流布置。
2. 患者经换床通道进入手术区的洁净走廊，然后直接进入手术室或到等候室等待。患者术后经洁净走廊进入苏醒室。
3. 医生经刷手、准备室后进入手术室进行手术。术后垃圾经过专用的污物走廊收集到污物间，经污物电梯送往首层后运出。两间手术室共用一套刷手、准备。
4. 苏醒室应同时向手术区和公共区开门，护士站应同时向手术区和医务区开门。

四、医务区
1. 各层医务区应相对独立。通过公区电梯解决竖向人员交通问题，设一货梯（兼消防电梯）解决竖向货物交通问题。
2. 手术层医生需换鞋后经更衣淋浴区进入医务区。
3. 手术层会诊室应同时向手术区和医务区直接开门。

五、其他
1. 病房、休息厅、医护人员办公室需要自然通风采光，其他房间无要求。
2. 病房及手术室前走廊宽度不宜小于3m。
3. 层高：一层5.1m、二～七层3.9m、八层4.5m。

4.设计应遵循四节一环保的设计原则,尤其在节地方面。

## 表一:三层病房层用房、面积及要求

| 功能区 | 房间及空间名称 | 建筑面积($m^2$) | 数量 | 备注 |
|---|---|---|---|---|
| 公共区 | * 休息厅 | 130 | 1 | |
| | 卫生间 | 30 | 1 | 男、女各15$m^2$ |
| 护理区 | * 病房 | 32 | 12 | 每间32$m^2$,可参考图例进行设计 |
| | * 护士站 | 40 | 1 | |
| | 治疗室 | 40 | 1 | |
| | 处置室 | 40 | 1 | 含15$m^2$库房1间 |
| | 污物间 | 30 | 1 | 含污物电梯一台 |
| 医务区 | 办公室 | 24 | 3 | 每间24$m^2$ |
| | 休息室 | 24 | 2 | 每间24$m^2$ |
| | 会议室 | 24 | 1 | |
| 其他 | 交通面积(走道、楼梯电梯等)约314$m^2$ | | | |
| 本层建筑面积 1152$m^2$(允许±5%) | | | | |

## 表二:八层手术层用房、面积及要求

| 功能区 | 房间及空间名称 | 建筑面积($m^2$) | 数量 | 备注 |
|---|---|---|---|---|
| 公共区 | * 休息厅 | 80 | 1 | |
| | * 换床通道 | 20 | 1 | |
| | 更衣室 | 20 | 1 | |
| | 护士站 | 40 | 1 | |
| | 苏醒室 | 40 | 1 | |
| 手术区 | * 大手术室 | 48 | 1 | |
| | * 中手术室 | 36 | 2 | 每间36$m^2$ |
| | * 小手术室 | 24 | 3 | 每间24$m^2$ |
| | 刷手、准备 | 24 | 3 | 每套24$m^2$,内含刷手和准备处各12$m^2$ |
| | 麻醉室 | 20 | 1 | |
| | 库房 | 20 | 1 | |
| | 污物间 | 30 | 1 | 含污物电梯一台 |

续表

| 功能区 | 房间及空间名称 | | 建筑面积（m²） | 数量 | 备注 |
|---|---|---|---|---|---|
| 医务区 | 办公室 | | 24 | 2 | 每间24m² |
| | 休息室 | | 24 | 1 | |
| | 会诊室 | | 40 | 1 | |
| | 卫生通过 | 换鞋 | 18 | 1 | |
| | | 男更衣淋浴 | 21 | 1 | |
| | | 女更衣淋浴 | 21 | 1 | |
| 其他 | 交通面积（走道、楼电梯等）约446m² | | | | |
| 本层建筑面积 1152m²（允许±5%） | | | | | |

**病房布置示意图**

**2500x3000 担架梯、污物电梯**

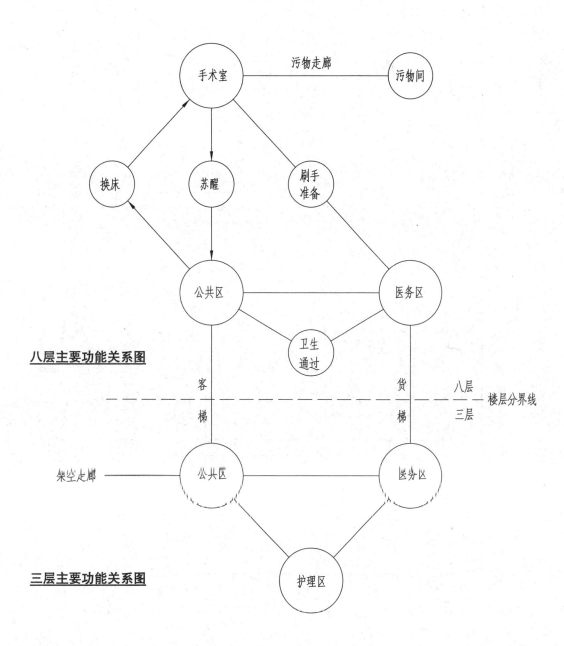

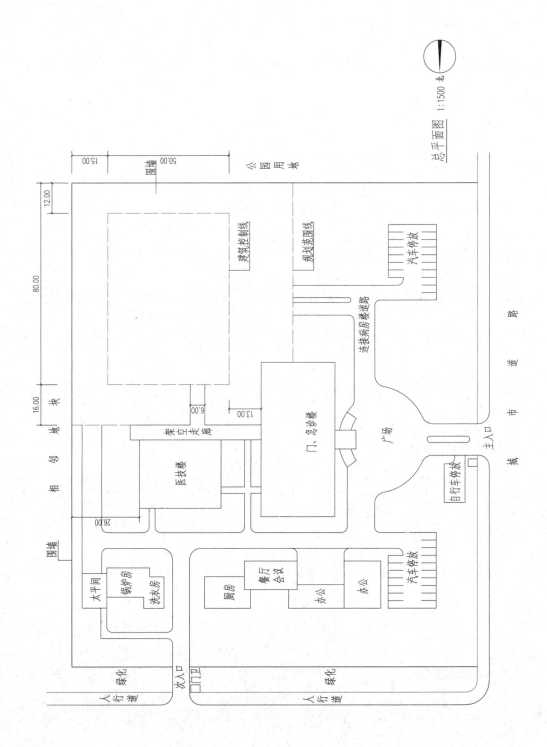

## 解题要点

1. 题目解析：

　　本题目是一道改编题，原题是2004年高层病房楼。根据近几年的考试风向和出题风格，该题目保留了医院类建筑和高层建筑的两大考点，去掉了很早之前会出现的房间开间和建筑开间相矛盾的老考点。

　　方案作图考试，一考功能，二考空间，三考类型。这个题目是医疗类功能，空间关系上是三层主并联、八层主串联，建筑类型可以划分为新建板式高层。三个元素融合到一起，就组成这个独具特色的高层病房楼方案设计。

　　（1）总图规划：

　　相比单层的建筑面积，建筑控制线要大很多，这是近几年题目的一大特点：宽松控制线。

　　2019年电影院是通过东南角L形广场、2020年遗址博物馆是通过南侧下沉广场来实现对建筑集中式的暗示，而这道题目则是通过文字要求中的"设计应遵循四节一环保的设计原则"来暗示建筑应布置于基地北侧靠近现状建筑一侧，且应尽量紧凑布置。

　　通过粗读面积表知道8m柱网后，结合控制线尺寸和单层建筑面积，即可确定3x6的大框架。并且仔细测量总图相关尺寸后，我们还能发现这个体系和50m的控制线短边、6m的架空走廊也都特别契合。

　　（2）平面布局：

　　三层病房层相对简单，12间病房刚好占据南向的6跨，北向留个医护办公，中间就是护理区的其他房间。这样的话，从南到北就形成了外中内的汉堡式布局。每个分区的空间基本上都是通过走廊连接起多个房间，形成并联空间的格局。

　　八层手术层略微复杂，主要是因为涉及的流线比较多，医生、病人、物料，两人流一货流，总共三条。

　　医生流线应该算最简单的，只需要两个卫生通过即可，先换鞋→更衣，再刷手→准备→手术室。

　　病人流线稍微复杂，不同于病房区的病房人流线，手术的病人的流线应该是：休息厅→换床通道→洁净走廊→手术室→洁净走廊→苏醒室→休息厅的闭环。

　　物料的流线是串联关系，是每年的考点，它的顺序应该是：货梯→洁净通道→库房→手术室→污物走廊→污物间→垃圾梯。

　　（3）上下对位：

　　竖向设计上并无太多考核点，只需要稍微注意下高层建筑主次交通的组织即可。

主交通侧重外部人流，次交通侧重内部人流和货流，两组交通分散布置能更好地兼顾消防疏散的问题。

2. 参考答案：

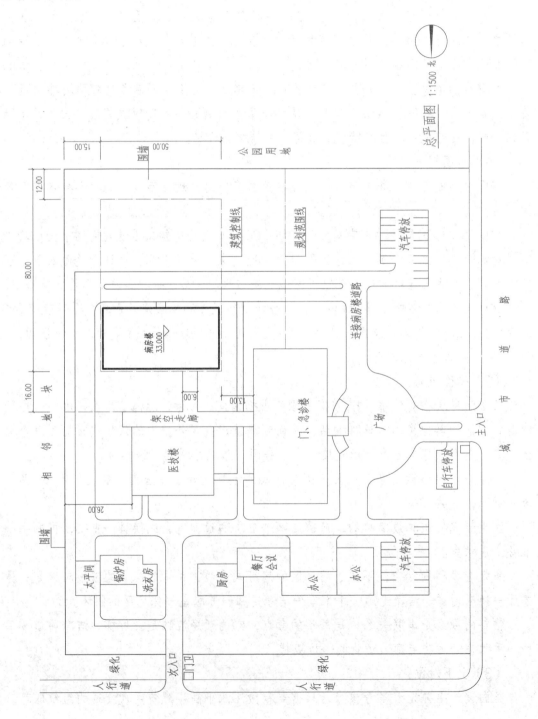

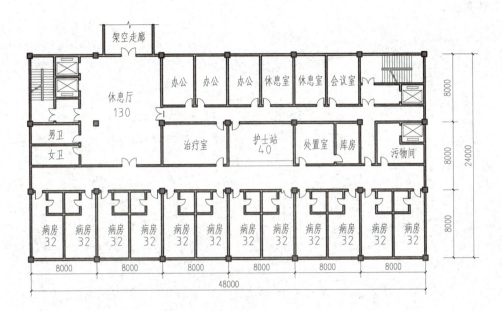

三层平面图 1:500

三层建筑面积 1152 m²

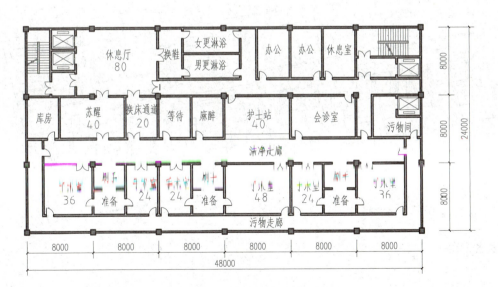

八层平面图 1:500

八层建筑面积 1152 m²

3. 立体模型：

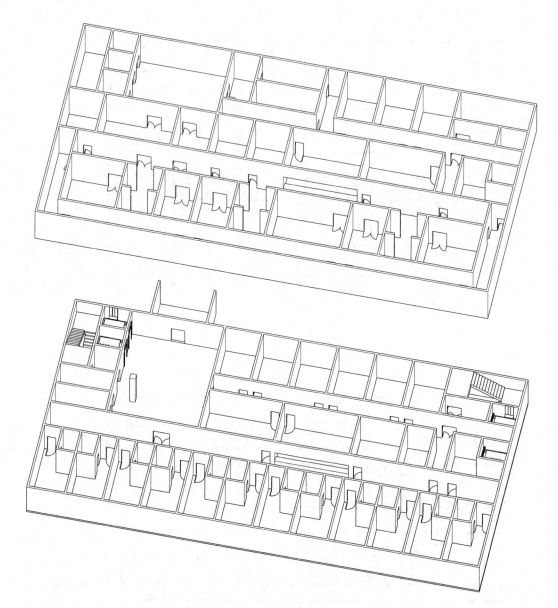

4. 复盘总结：

# 1-6 软件园宿舍方案设计

**任务描述：**
　　南方某软件园区内，需新建一座6层宿舍。其中一、二层为商业，三~六层为宿舍，总建筑面积约10000m²。本次设计阶段为读题转译和方案设计，需绘制总平面图和一、三层平面图。

**用地条件：**
　　基地西侧、南侧临园区内道路，北侧、东侧毗邻办公区，具体信息详见总平面图。

**总平面图设计要求：**
1. 在用地红线范围内布置出入口、道路、停车场和绿地；在建筑控制线范围内布置建筑物。
2. 在基地西侧设机动车出入口一个，人行出入口一个。在基地南侧设机动车出入口一个；在用地红线范围内合理组织交通流线，道路宽7m。
3. 在基地内结合人行出入口设商业广场一处，面积不小于1500m²。在基地内设小客车停车位10个，非机动车停车场100m²，均设置在商业广场内。

**建筑设计要求：**
　　软件园宿舍由商业区、宿舍区组成，两区分区明确，相对独立。各功能房间面积及要求详见表一、表二，主要功能关系见示意图。本建筑采用钢筋混凝土框架结构（建议平面柱网采用8m×8m），一、二层层高为4.5m，三~六层层高均为3.6m，室内外高差为160mm。

一、商业区
1. 商店共11间，每间均独立对外使用。
2. 商店根据面积大小分为A、B、C三种类型；A类型商店面积略大，需在东西两个方向设置出入口，B、C在一个方向设置出入口即可。
3. 商店为一拖二模式，暂不考虑二层的面积，以及卫生间、楼梯等的布置。

二、宿舍区
1. 在建筑的北侧、西侧和东侧分别设置宿舍出入口，住宿人员可通过西侧、东侧出入口进入宿舍门厅，也可通过北侧的直跑楼梯通达三层交流厅。
2. 北侧出入口为宿舍区主出入口，直跑楼梯宽度要求不小于5m（直跑楼梯下可利用空间暂不考虑），直跑楼梯的楼层及中间休息平台深度均不小于2m。
3. 交流厅4层通高，宽度不宜小于8m（若局部尺寸不足，宽度不应小于5m）；交流厅内设置宽度为1.5m的直跑楼梯，可实现各楼层宿舍之间的联系。
4. 单人宿舍和套间均可东西向采光；单人宿舍宜集中布置，管理室和储藏室宜集中布置。

三、其他

1. 所有功能性房间均需满足自然采光、通风要求（交流厅可通过天窗采光），电梯厅、楼梯间不作要求。
2. 商店每间为一个防火分区；宿舍每层为一个防火分区，位于两个安全出口之间的房间疏散门到最近的安全出口的直线距离不应大于40m，位于袋形走道两侧或尽端的房间疏散门到最近安全出口的直线距离不应大于22m。

**制图要求：**

一、总平面图

1. 建筑相关：绘制建筑屋顶平面轮廓（台阶、雨篷不作表达）。
2. 交通组织：在用地红线范围内绘制道路（与园区内道路接驳）、机动车停车位、非机动车停车场。
3. 绿化标注：绿地；标注建筑层数和相对标高，标注基地各出入口，标注宿舍楼各出入口位置，标注机动车停车位数量和非机动车停车场面积。

二、平面图

绘制一层、三层平面图。

1. 墙：徒手单线表示墙体；
2. 门：短粗线表示门；
3. 柱：粗点表示柱；
4. 数：如实标注核心数据：*号房间面积、单层面积、柱网尺寸、建筑总尺寸。

## 表一：一层用房面积及要求

| 功能区 | 房间及空间名称 | 建筑面积（m²） | 数量 | 备注 |
|---|---|---|---|---|
| 商业区 | *A 类型商店 | 927 | 5 | 布置 159～192m² 的商店 5 间 |
| | *B 类型商店 | 479 | 4 | 布置 104～143m² 的商店 4 间 |
| | C 类型商店 | 128 | 2 | 布置 64m² 的商店 2 间 |
| 其他 | 宿舍门厅、楼梯、电梯约 170m² | | | |
| 一层建筑面积 1704m²（允许 ±5%） | | | | |

## 表二：三层用房面积及要求

| 功能区 | 房间及空间名称 | 建筑面积（m²） | 数量 | 备注 |
|---|---|---|---|---|
| 宿舍区 | *单人宿舍 | 896 | 28 | 每间 32m² |
| | *套间 | 256 | 4 | 每间 64m² |
| | *交流厅 | 253 | 1 | |
| | 管理室 | 32 | 1 | |
| | 储藏室 | 32 | 1 | |
| 其他 | 走廊、楼梯、电梯约 409m² | | | |
| 三层建筑面积 1878m²（允许 ±5%） | | | | |

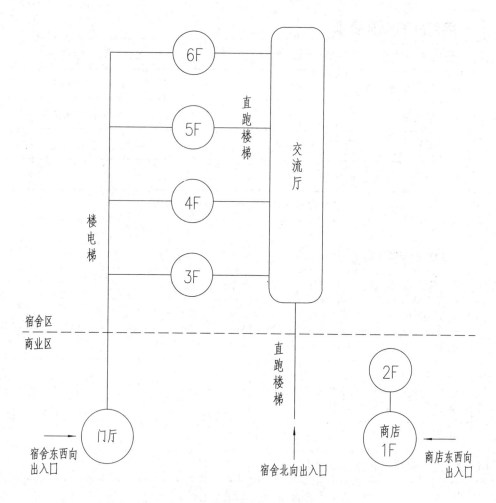

**主要功能关系示意图**

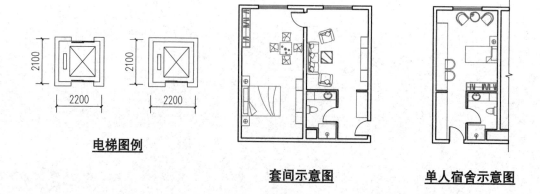

**电梯图例**　　　　**套间示意图**　　**单人宿舍示意图**

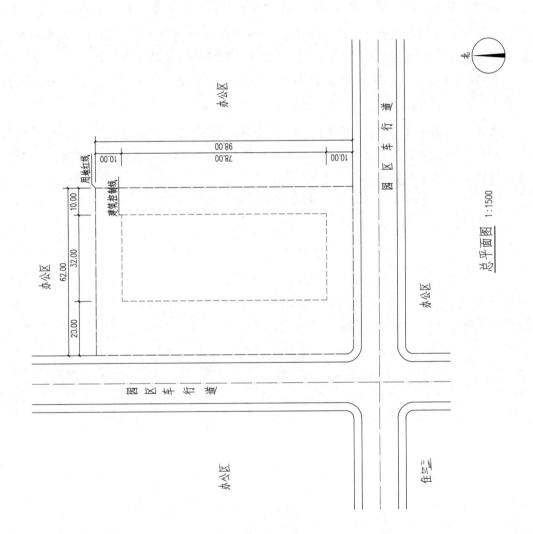

## 解题要点

1. 题目解析：

　　这是一道以并联空间为主，主要考核上下叠合的题目。相对来说更偏实际设计工作，如果执拗于一些死板的考试认知，固守解题技巧，就难免会在这个题目上栽跟头。我们通过历年真题和答案去总结一些规律，本来是很好的一个复习思路，但是如果度掌握不好，弄出些过度总结的东西并奉为圭臬，那就是过犹不及了。

　　"建筑方整不缺角，打死不能出悬挑"就是某同学的一个总结，工整的格式和押韵的措辞很像那么回事儿，但具体可靠性如何呢，我们得有自己的判断。建筑真的不能缺角吗？也真的不能做悬挑吗？如果上下层的面积遇到上大下小，那我们要怎么办？好像悬挑就是最容易想到的方法。并且2019年电影院的答案就出现过悬挑，所以才导致面积异常难算。

　　所以说，具体情况具体分析，要总结但不要过度总结，同时对待其他同学或老师总结的内容也要采取批判性的态度，尽量减少光环效应的干扰。判定一个设计是不是合理，还是从主流认知的三个方面去看：功能、形式和造价。也就是功能是否合理，形式是否美观，造价是否经济，而不是悬不悬挑，缺不缺角。不光实际的设计工作是这样，考试也是一样。日常设计工作就是设计师的考试，考试就是一个日常的设计工作。

2. 参考答案：

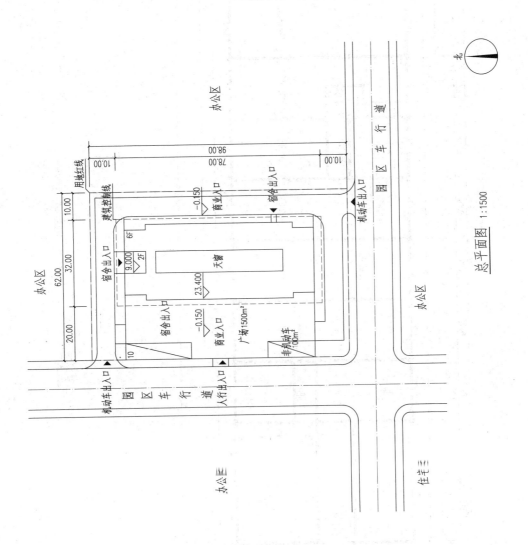

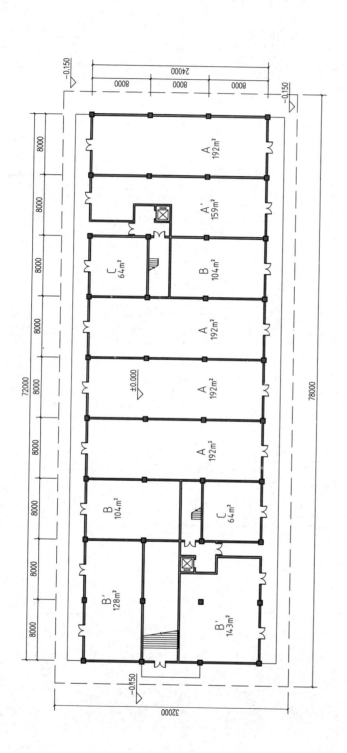

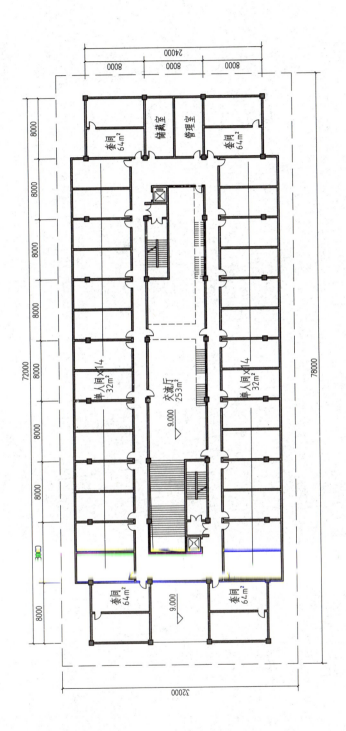

三层平面图 1:500　三层建筑面积 1878 m²（面积以轴线计）

48 | 入门难度

3. 立体模型：

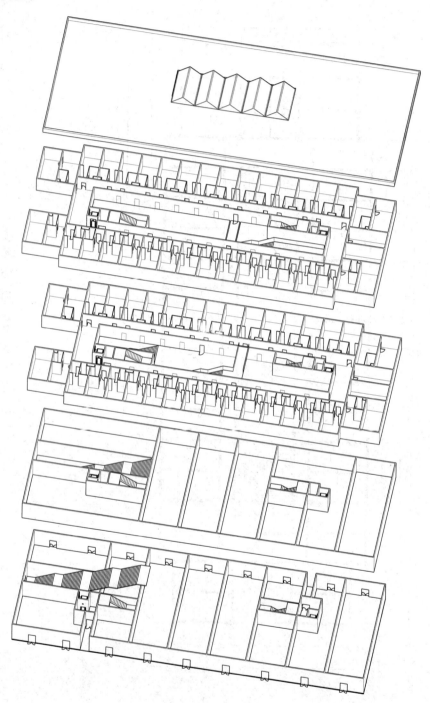

4. 复盘总结：

# Part 2
## 进阶难度

本章题目为进阶难度。
在基础夯实之后,进入空间布局。
需要考虑的东西更多,处理的问题更复杂,
需要有一定的设计方法和解题技巧。

# 2-1 汽车 4S 店方案设计

**任务描述：**
　　在我国南方某城市一汽车园区内部拟建一座建筑面积约 5000m² 的汽车 4S 店，具体要求如下。

**总平面设计要求：**
　　在用地红线范围内合理布置基地各出入口、广场、道路、停车场和绿地。在建筑控制线内布置建筑物（雨篷、台阶允许突出建筑控制线）。
1. 基地设置两个机动车出入口，分别开向两条园区道路。西面设置人行出入口一处。
2. 基地内至少布置小型机动车停车位 80 个，靠近人行出入口处布置 100m² 非机动车停车场一处。
3. 建筑主出入口设置在西面，主入口前设置面积不小于 600m² 的广场一处，其他出入口根据功能要求设置。
4. 维修接待出入口设置在北面，维修车间出入口南北各设一个，办公人员出入口设在南面，洗车房出入口设在东面。

**建筑设计要求：**
　　汽车 4S 店主要由销售展示区、接待服务区、车辆维修区和办公区组成。各功能房间面积及要求详见面积表，主要功能关系见示意图。
1. 销售展示区应与接待服务区紧密联系，并且一层各区人员可通过接待服务区内楼梯上至二层办公区，方便办公、开会或洽谈；接待服务区与维修区亦有直接联系。
2. 客户休息室与维修车间之间采用玻璃隔断，且长度不小于 15m，方便顾客查看维修车辆进程。维修车间内车道宽度不小于 7m。
3. 配件仓库在建筑南面设置独立对外出入口，方便配件直接进入库房。库房和工具库通过发放间与维修车间联系。
4. 总经理、副总经理办公室应朝南，且总经理办公室应同时向销售展示区上空开窗，方便观察。财务部办公室靠近领导办公室；客服部办公室内应能看到销售展示区域。

**其他**
1. 本建筑为钢结构（图上可示意为直径 400mm 的圆柱）。
2. 建筑层高：销售展示、维修车间、洗车房为 9m 通高，其他部分一层 5.4m，二层 3.6m。

室内外高差150mm。
3. 销售展示、维修接待、二层洽谈室、客户关系、总经理及副总经理办公室应天然采光和自然通风；客服部、财务部、市场部、行政部办公室及客户休息室可通过销售展示或维修车间间接通风采光；其他房间不作要求。

## 表一：一层用房、面积及要求

| 分区 | 房间 | 建筑面积（m²） | 间数 | 备注 |
|---|---|---|---|---|
| 销售展示区 | * 销售展示 | 810 | 1 | 朝向入口广场开门 |
| 接待服务区 | 服务前台 | 27 | 1 | 服务台长度不小于9m |
| | 洽谈室A | 18 | 3 | 每间18m²，相对靠近销售展示区 |
| | 洽谈室B | 21 | 2 | 每间21m² |
| | 销售办公 | 42 | 1 | |
| | 销售经理 | 21 | 1 | |
| | 金融，保险专员 | 25 | 1 | |
| | 收银室 | 21 | 1 | |
| | 新车交付 | 81 | 1 | 设置直接对外出入口 |
| | 卫生间 | 25 | 1 | 男卫、女卫各12.5m² |
| | 维修接待 | 102 | 1 | 含售后前台21m²，且长度不小于6m |
| | * 维修接待车位 | 135 | 1 | 设置对外出入口，且与维修车间直接联系 |
| | 售后经理室 | 25 | 1 | 位置靠近维修接待 |
| | * 客户休息室 | 144 | 1 | |
| 车辆维修区 | * 维修车间 | 945 | 1 | 含维修车位20个，尺寸：长/宽 7.0m×4.5m |
| | * 配件仓库 | 198 | 1 | 含库房112m²，工具库54m²，发放间32m² |
| | 洗车房 | 111 | 1 | 设置直接对外出入口，靠近基地出入口 |
| | 修理间 | 41 | 2 | 每间41m² |
| | 储藏室 | 54 | 1 | |
| | 大修间 | 81 | 1 | 含配件清洁和充电间各13m² |
| | 卫生间 | 54 | 1 | 男卫、女卫各27m² |
| | 车间办公室、调度室 | 32 | 1 | 同时向维修车间和接待服务开门 |
| 办公区 | 办公门厅 | 27 | 1 | 含专用楼梯一部 |
| 其他 | 交通面积（走道等）约267m² | | | |
| | 一层建筑面积 3375m²（允许±5%：3206～3544m²） | | | |

## 表二：二层用房、面积及要求

| 分区 | 房间 | 建筑面积（m²） | 间数 | 备注 |
|---|---|---|---|---|
| 办公区 | 客户关系室 | 42 | 1 | |
| | 洽谈室 | 32 | 4 | 每间32m² |
| | *客服部办公室 | 95 | 1 | 含经理办公室32m² |
| | *财务部办公室 | 95 | 1 | 含经理办公室32m² |
| | *市场部办公室 | 95 | 1 | 含经理办公室32m² |
| | *行政部办公室 | 95 | 1 | 含经理办公室32m² |
| | 卫生间 | 81 | 1 | 男卫、女卫各40m² |
| | 更衣室 | 42 | 1 | 男卫、女卫各21m² |
| | 副总经理办公室 | 41 | 1 | |
| | *总经理办公室 | 122 | 1 | 含休息室41m² |
| | 培训室兼会议室 | 144 | 1 | |
| 维修区 | *更衣淋浴室 | 74 | 1 | 其中更衣室32m²，淋浴室42m² |
| | 储藏室 | 32 | 1 | |
| | 资料室 | 63 | 1 | |
| | 职工休息室兼培训 | 42 | 1 | |
| 其他 | 交通面积（走道等）约348m² | | | |
| 二层建筑面积　1539m²（允许±5%：1462~1701m²） | | | | |

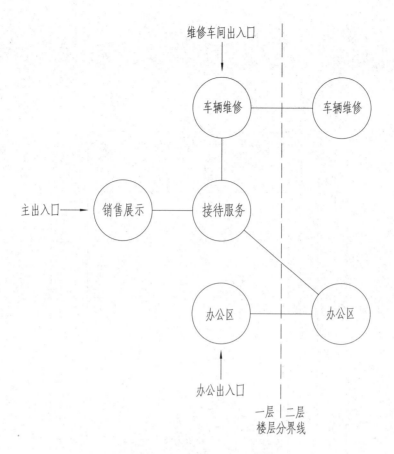

**一、二层主要功能关系示意图**

## 54 | 进阶难度

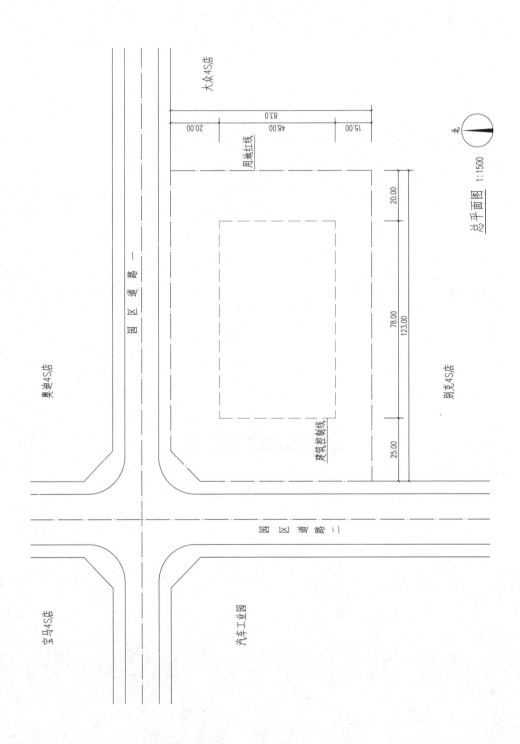

## 解题要点

1. 题目解析：

这是一道以集中、子母和并联空间为考核点的题目，功能类型是汽车 4S 店，核心功能就两个，一个是卖车，一个是保养。核心功能体现在围绕新车展示和维修车间的两个子母空间，母空间要尽量方整且无柱，多个子空间形成并联关系同时要很好地和母空间联系。在解题过程中，我们需要注意三个关键点：

（1）先易后难：

两个大空间相对容易，二层办公难度适中，一层接待服务区算是最难的。解题的时候我们可以先解决相对容易的问题，再处理相对较难的。二层办公部分回字形走廊体系确定后，稍微完善细节即可得出相对合理布局，然后根据上下层的对位关系，再规划一层接待服务区小房间的组合方式。甚至，必要时候可以牺牲个别小房间来保证走廊体系的完整性和简洁性。

（2）结构布置：

9m 柱网确定后，维修部分会有 7m 的变跨也容易看出，然后就是柱子的布置。简单说点柱子就点在横竖两条轴线的交叉点上，但当房间功能、空间体系受限时，可以考虑拔掉部分柱子，但要保证结构体系的完整性。新车展示这个空间没有柱子当然是最好的，人们的视野会更好，也更方便车辆的展示。维修车间也拔掉柱子是因为，两层的柱子中间没有连系梁的支撑，有点细长，也不是特别稳定。

（3）消防疏散：

消防疏散的原则其实很简单，但是大家总是忽略或过度重视。每个房间、分区或建筑布置两个出入口，走廊环通尽量规避尽端就好了。但当遇到面积不大、人数不多时，在符合规定的前提下也可以设一个。办公区设两个肯定没有问题，并且走道整体环通，基本没有尽端。维修部分的二层也需要设置两个，虽然面积小但依然超出规范要求一个楼梯的范围。

2. 参考答案：

## 进阶难度

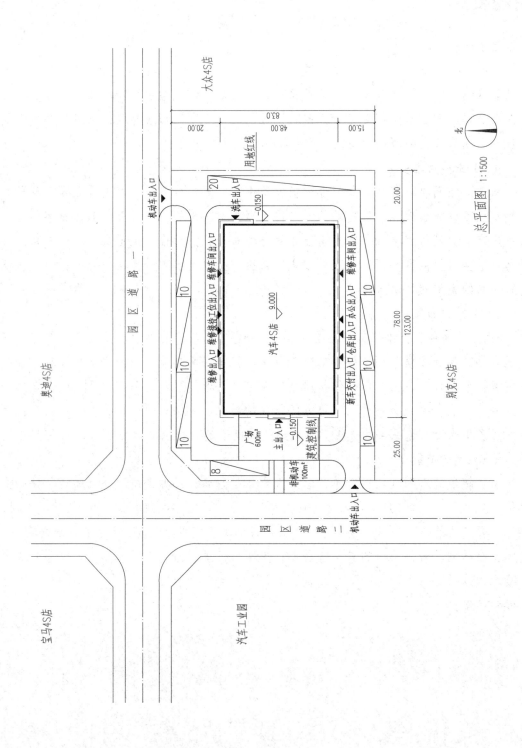

## 58 | 进阶难度

二层平面图 1:500

二层建筑面积 1539 m²

3. 立体模型：

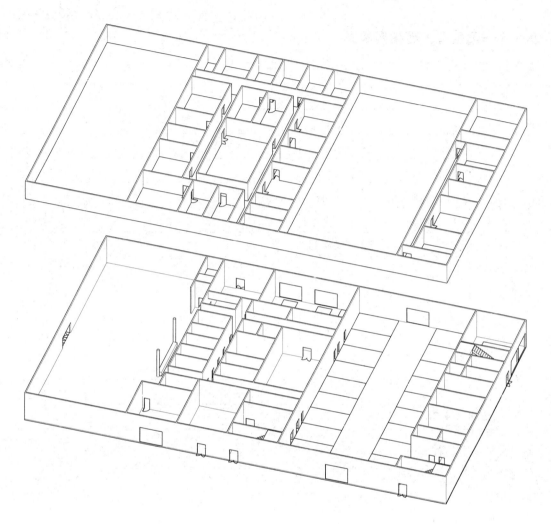

4. 复盘总结：

## 2-2 康复中心方案设计

### 表一：一层用房、面积及要求

| 分区 | 房间 | | 建筑面积($m^2$) | 数量 | 备注 | |
|---|---|---|---|---|---|---|
| 公共区 | * 门厅 | | 96 | 1 | 朝外部人流方向开门 | |
| | * 交往厅（廊） | | 336 | 1 | 入口附近设置服务台，长度≥8m | |
| | 服务 | 接待室 | 24 | 1 | | 与交往厅联系紧密 |
| | | 商店 | 24 | 1 | | |
| | | 健康评估室 | 24 | 2 | 每间24$m^2$ | |
| | | 心电图 | 24 | 1 | | |
| | | B超 | 24 | 1 | | |
| | | 卫生间 | 18 | 1 | 男卫、女卫各9$m^2$，可以不用自然通风采光 | |
| | 化验 | * 检验等候 | 32 | 1 | 柜台长度≥8m；南向采光 | 均与办公区联系 |
| | | * 采样、取样 | 32 | 1 | | |
| | | * 化验室 | 64 | 1 | | |
| | 药房 | * 收费取药 | 24 | 1 | 柜台长度≥6m | 均与办公区联系 |
| | | * 药品库 | 72 | 1 | | |
| | 水疗 | * 水疗室 | 160 | 1 | 与办公区联系；布置于建筑南部 | 外部人流经更衣淋浴后进入水疗室 |
| | | 更衣、淋浴室 | 96 | 1 | 男女各48$m^2$，含更衣、淋浴 | |
| 办公区 | 门厅 | | 32 | 1 | 朝内部人流方向开门 | |
| | 值班室 | | 24 | 1 | | |
| | 更衣 | | 24 | 2 | 每间24$m^2$ | |
| | 办公室 | | 24 | 3 | 每间24$m^2$ | |
| | 档案室 | | 24 | 1 | | |
| | 会议室 | | 48 | 1 | | |
| | 消毒室 | | 18 | 1 | | |
| | 卫生间 | | 18 | 1 | 男卫、女卫各9$m^2$，可以不用自然通风采光 | |
| 其他 | 交通面积（走道、楼梯、电梯等）约274$m^2$ | | | | 本层层高4.5 m；如房间需要通过内院采光，内院宽度应大于建筑高度 | |
| | 一层建筑面积 1632$m^2$（允许±5%：1551~1714$m^2$） | | | | | |

**表二：二层用房、面积及要求**

| 分区 | 房间 | | 建筑面积（m²） | 数量 | 备注 | |
|---|---|---|---|---|---|---|
| 公共区 | | * 交往厅（廊） | 336 | 1 | | |
| | 文体活动 | 手工作业室 | 24 | 2 | 每间24m² | 与交往厅联系紧密 |
| | | 书画室 | 24 | 2 | 每间24m² | |
| | | 图书阅览室 | 48 | 1 | | |
| | | * 健康教育室 | 48 | 1 | 靠近电梯布置 | |
| | | 心理咨询室 | 24 | 2 | 每间24m² | |
| | 综合康复 | * 运动疗法训练室 | 128 | 1 | 布置于建筑南部 | 集中布置 |
| | | * 作业训练室 | 64 | 1 | 布置于建筑南部 | |
| | | 语言疗法训练室 | 24 | 2 | 每间24m² | |
| | | 低弱视力康复室 | 24 | 2 | 每间24m² | |
| | 治疗 | 中医诊室 | 16 | 4 | 每间16m²，可通过采光廊间接采光 | 区域相对独立；医患分流，医护走廊宽度≥1.5m |
| | | 中医理疗室 | 16 | 4 | 每间16m²，可通过采光廊间接采光 | |
| | | * 候诊廊 | 80 | 1 | 候诊廊宽度≥5 m | |
| | 卫生间 | | 18 | 1 | 男卫、女卫各9m²，可以不用自然通风采光 | |
| 办公区 | 医护办公室 | | 24 | 3 | 每间24m² | |
| | 办公室 | | 24 | 3 | 每间24m² | |
| | 档案室 | | 24 | 1 | | |
| | 会议室 | | 24 | 1 | | |
| | 消毒室 | | 18 | 1 | | |
| | 卫生间 | | 18 | 1 | 男卫、女卫各9m²，可以不用自然通风采光 | |
| 其他 | 交通面积（走道、楼梯、电梯等）约314m² | | | | 本层层高4.5m；如房间需要通过内院采光，内院宽度应大于建筑高度 | |
| 二层建筑面积 1632m²（允许±5%：1551～1714m²） | | | | | | |

2.5m×3.0m 电梯

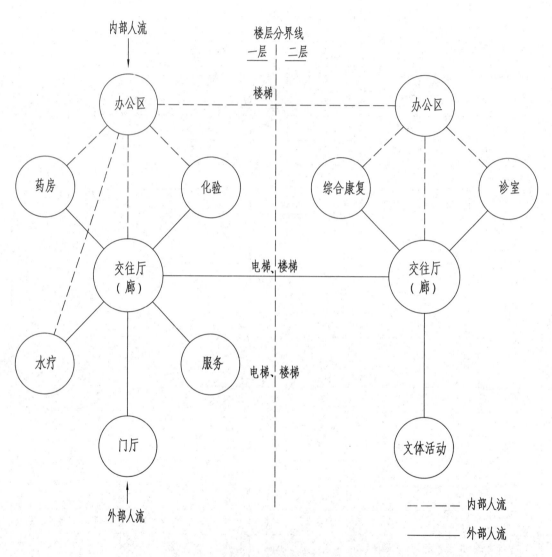

**一、二层主要功能关系示意图**

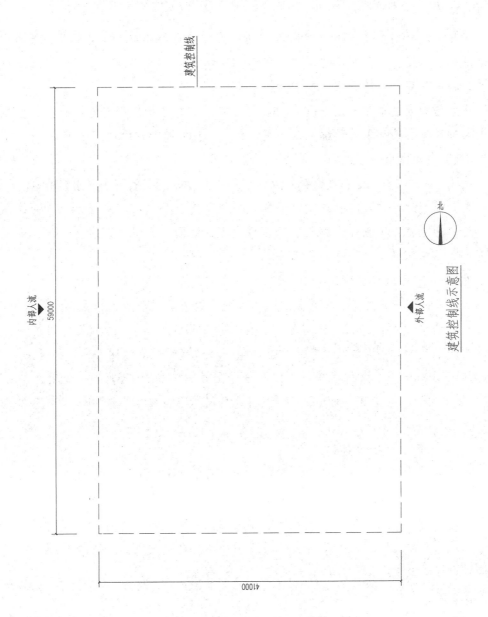

## 解题要点

1. 题目解析：

　　这是一道以内院、并联和相遇为重点考核内容的题目，功能类型限制很弱，可以是康复也可以是其他相近类型。题目的设定是把文字和面积表融合到了一起，单个题目元素的信息量更大，注意不要读漏掉信息。

　　气泡图的表达也是采用一、二层合并的方式，并且局部还有连线交叉，主要是考查大家对气泡图最基本的理解。在解题过程中，我们需要注意的三个问题：

　　（1）内院也是一个房间：

　　大厅、走廊、内院这些我们都可以把它们看成是房间，也要注意它们的量、形、质，也就是面积、形状和位置。内院的面积可以根据建筑控制线、单层面积来间接求出；形状要尽量方整，不宜过于狭长，短边最少1跨柱网；位置可以在建筑内，也可以在建筑外，形成内院或边院的布局。

　　（2）柱网可以适当变化：

　　正方形柱网在方案作图中最常见，也是我们的首选。通常根据面积表就可以确定，然后可以通过文字和总图来进行复核。但是也不用执拗于100%的正方形柱网，局部可以根据需要进行调整，但不宜处处都调整，否则就说明你柱网尺寸选择得不合适了。从近几年真题来看，标准答案基本都是正方形柱网加局部变跨。比如2014年养老院7.2+7.5，2017年旅馆8+10，2018年枢纽站8+9，2019年电影院9+3，2020年遗址博物馆8+6。

　　（3）尽端、穿越和相遇：

　　流线，就是某种介质在建筑中运动中的路线，根据其进出的方式我们可以简单地分为尽端式流线、穿越式流线和相遇式流线三种。这个题目中多数房间都是尽端式的流线，比如说办公室、会议室、书画室等。但也有少数房间，像水疗室的男女更衣，就属于穿越式的房间，从一头进去从另一头出去。除此之外，还有像化验、取药、诊室这样的相遇式流线，患者和医护人员在这些房间相遇。

2. 参考答案：

进阶难度 | 65

# 66 | 进阶难度

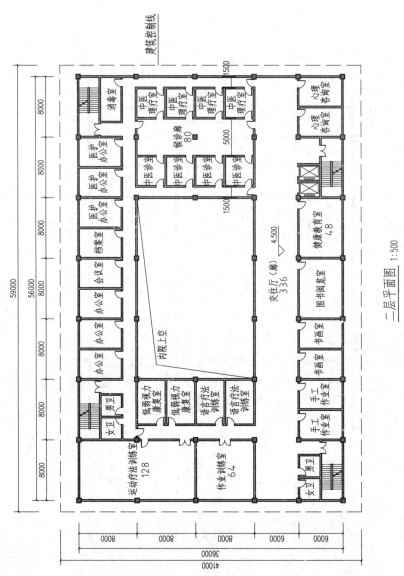

二层平面图 1:500

二层建筑面积 1632 m²

3. 立体模型：

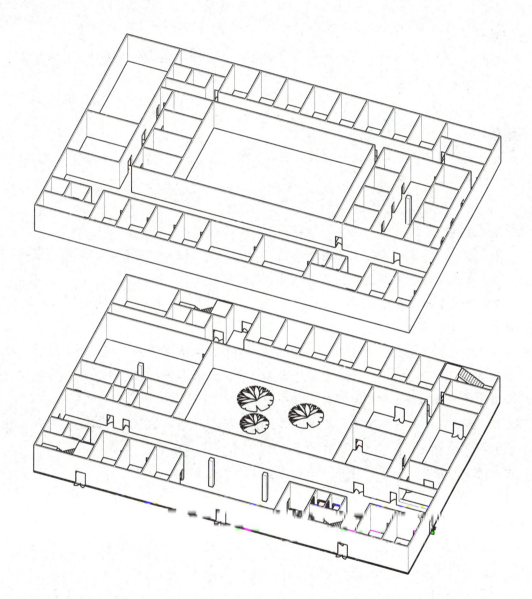

4. 复盘总结：

# 2-3 菜市场方案设计

**任务描述：**
在我国北方某城市拟建一座两层、总建筑面积约为 4500m² 的菜市场，按下列各项要求完成菜市场方案设计。

**用地条件：**
用地地势平坦，用地东侧与南侧为城市次干道，西侧、北侧为居住区。用地红线、建筑控制线详见总平面图。

**总平面设计要求：**
在用地红线范围内合理布置基地各出入口、广场、道路、停车场和绿地，在建筑控制线内布置建筑物（雨篷、台阶允许突出建筑控制线）。

1. 基地设置三个机动车出入口，在东侧道路上设一处客车出入口，南侧道路上分设客、货车出入口各一个。
2. 在用地红线内布置顾客小型机动车停车位64个，购物班车停车位2个，顾客非机动车停车场一处300m²。布置货车停车位7个，垃圾车停车位2个，职工小型机动车停车位5个，职工非机动车停车场一处50m²。
3. 入口广场（U形）结合建筑主次出入口设置，面积不小于2000m²。建筑主出入口设在东面，主出入口前广场进深不小于14m。
4. 布置绿化与景观，沿东侧城市次干道布置15m的绿化带。

**建筑设计要求：**
菜市场主要由营业区、进货区、办公区组成。要求各区应分区明确、流线合理。各功能房间面积及要求详见表一、表二，功能关系见示意图。

一、营业区
1. 主出入口门厅设置两台电梯及一部楼梯与二层营业区联系。
2. 首层营业区另外分散设置4个次出入口。
3. 一层对外商铺出入口朝向东侧道路以方便对外独立经营。
4. 营业区由若干区块和摊位组成。区块间由通道分隔，通道宽度不小于1.5m且中间不得有柱。区块和摊位及商铺之间通道不小于4.0m，且中间不得有柱。
5. 一层水产摊位，二层熟食摊位需集中布置。
6. 卫生间靠近主出入口门厅设置，朝向次干道开门，与其他区域不联系，作为服务周边的公共厕所方便市民使用。
7. 垃圾间只设置独立出入口，与其他区域不联系，开口方向相对隐蔽。

二、进货区
1. 进货区设独立出入口。
2. 货物门厅设置两台电梯及一部楼梯与二层货物电梯厅联系。
3. 二层外租库房同时向货物电梯厅及营业区开门。

三、办公区
1. 办公区设置独立出入口。除门厅外其他房间均南向采光。
2. 办公区与营业区直接联系，方便管理。

**其他：**
1. 本设计应符合国家现行规范、标准及规定。
2. 层高：一、二层层高均为 5.4m，建筑室内外高差 150mm。
3. 结构：钢筋混凝土框架结构。
4. 安全疏散：二层营业区的安全疏散总宽度最小为 8.0m，营业区内任意一点到最近安全出口的直线距离最大为 37.5m。
5. 采光通风：本建筑办公区、进货区及卫生间要求有天然采光和自然通风，其他房间不作要求。

**制图要求：**
一、总平面图
1. 绘制建筑物屋顶平面图，并标注室内外地面相对标高。
2. 绘制机动车道、人行道、小型机动车停车位（标注数量）、非机动车停车场（标注面积）、广场（标注进深）及绿化。
3. 绘制建筑物各出入口。

二、平面图
1. 绘制一、二层平面图，表示出柱、墙体（双线或单粗线）、门（表示开启方向）。窗、卫生洁具可不表示。
2. 标注建筑轴线尺寸、总尺寸，标注室内楼、地面及室外地面相对标高。
3. 标注房间或空间名称；标注带 * 号房间及空间（见表一、表二）的面积，允许误差 ±10% 以内。
4. 填写一、二层建筑面积，允许误差在规定面积的 ±5% 以内，房间及各层建筑面积均以轴线计算。

## 表一：一层用房、面积及要求

| 功能区 | 房间及空间名称 | 建筑面积（m²） | 数量 | 备注 |
|---|---|---|---|---|
| 营业区 | *主入口门厅 | 122 | 1 | 含两台电梯及楼梯 |
|  | *水果区块 | 38 | 12 | 每个38m² |
|  | *水产摊位 | 23 | 5 | 每个23m²，相对集中 |
|  | *肉类摊位 | 23 | 5 | 每个23m²，其中一个为清真肉类 |
|  | 杂货摊位-1 | 13 | 4 | 每个13m² |
|  | 杂货摊位-2 | 11 | 4 | 每个11m² |
|  | 调味料摊位 | 14 | 4 | 每个14m² |
|  | *对外商铺 | 27 | 4 | 每间27m² |
|  | 垃圾间 | 41 | 1 | 直接对外，邻近次出入口 |
|  | 卫生间 | 41 | 1 | 男卫、女卫各20m²，均含无障碍厕位 |
| 进货区 | *货物门厅 | 122 | 1 | 含两台电梯及楼梯 |
|  | 外租库房 | 81 | 1 | 与货物门厅联系紧密 |
| 办公区 | 办公门厅 | 36 | 1 |  |
|  | 值班室 | 15 | 1 |  |
|  | 洽谈室 | 15 | 2 | 每间15m² |
| 其他 | 交通面积（走道、楼梯等）约834m² | | | |
| 一层建筑面积 2268m²（允许±5%） | | | | |

## 表二：二层用房、面积及要求

| 功能区 | 房间及空间名称 | 建筑面积（m²） | 数量 | 备注 |
|---|---|---|---|---|
| 营业区 | *顾客电梯厅 | 81 | 1 | 含两台电梯及楼梯 |
|  | *蔬菜区块-1 | 23 | 9 | 每个23m² |
|  | *蔬菜区块-2 | 34 | 3 | 每个34m² |
|  | *蔬菜区块-3 | 30 | 3 | 每个30m² |
|  | 蔬菜区块-4 | 45 | 1 | 邻近客用电梯 |
|  | *熟食摊位 | 23 | 5 | 每个23m²，相对集中 |
|  | *清真食品摊位 | 30 | 2 | 每个30m² |
|  | *蛋类、生禽摊位 | 23 | 6 | 每个23m² |

续表

| 功能区 | 房间及空间名称 | 建筑面积($m^2$) | 数量 | 备注 |
|---|---|---|---|---|
| 营业区 | 代客加工间 | 41 | 1 | 邻近蛋类、生禽摊位 |
|  | *商铺 | 41 | 6 | 每间 41$m^2$ |
|  | 杂货摊位 | 14 | 3 | 每间 14$m^2$ |
| 进货区 | 货物电梯厅 | 81 | 1 | 含两台电梯及楼梯 |
|  | *外租库房 | 135 | 1 |  |
| 其他 | 交通面积(走道、楼梯等)约 885$m^2$ | | | |
| | 二层建筑面积  2268$m^2$(允许 ±5%) | | | |

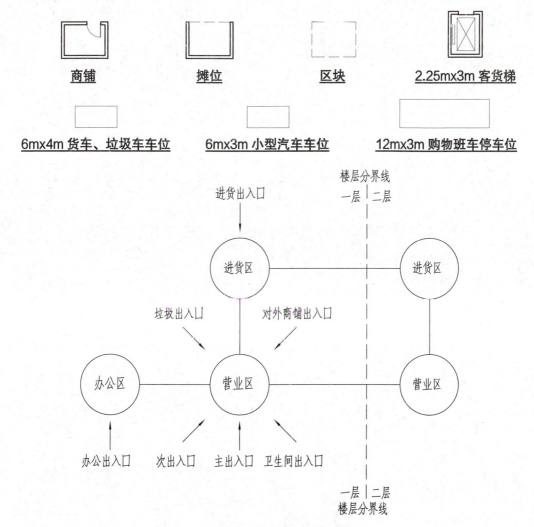

**一、二层主要功能关系示意图**

## 72 | 进阶难度

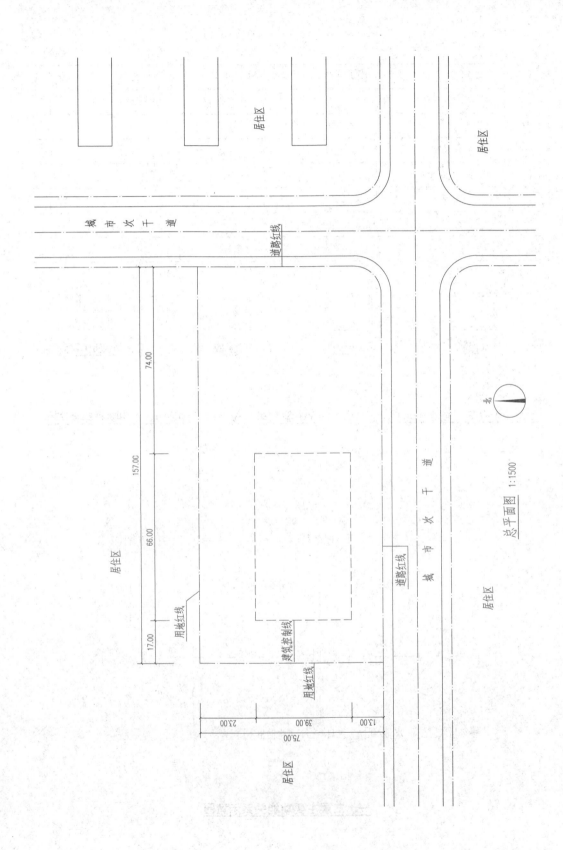

## 解题要点

1. 题目解析：

菜市场可以看成是迷你版超市，民生类功能类型，主要侧重于同学们把大空间划分成小区块能力考核。题目的难度系数不高，但是我们可以通过它来学习一些方法。

（1）先易后难，先四周后中间：

设计不是从一层开始，也不是从面积表第一行开始。而是从限制多的地方开始，从矛盾和冲突开始，从问题开始。限制越多，设计就越容易定。菜市场这个题目四周相对确定，中间限制较少，所以，我们可以先把沿街商铺、办公、库房和卫生间定下来，然后再去想里面的区块怎么切分。

（2）读题深度决定方案高度：

展开设计之前，一定要充分理解题目，找到题目给出的限制和暗示。这样我们才能锁定目标问题，分析问题，找到问题的解决方法。具体手法就是通过读题转译，把题目给定的文字、面积表和气泡图都转化成图。菜市场这个题目比较容易忽略的题目元素是图例，得仔细看题目的细节，注意商铺、摊位、区块之间的区别，谁的四周是墙，谁的四周是虚线。图例就是标准答案的碎片，碎片拼合起来就是标准答案。

（3）自下而上靠组合，自上而下看切分：

自上而下规划，还是自下而上执行，这是两个完全不同的方法，但是我们推荐大家两条腿走路，混合使用两种不同的思路。菜市场题目的四周明显是从小到大的组合比较方便，那我们就组合。而一层中间12个区块和二层中间16区块好像组合不是那么容易，搞不好就会很乱，那我们就切分。于是方案作图的问题就变成数学问题，一张纸怎样剪成12份，怎样剪成16份。

2. 方案研究：

## 74 | 进阶难度

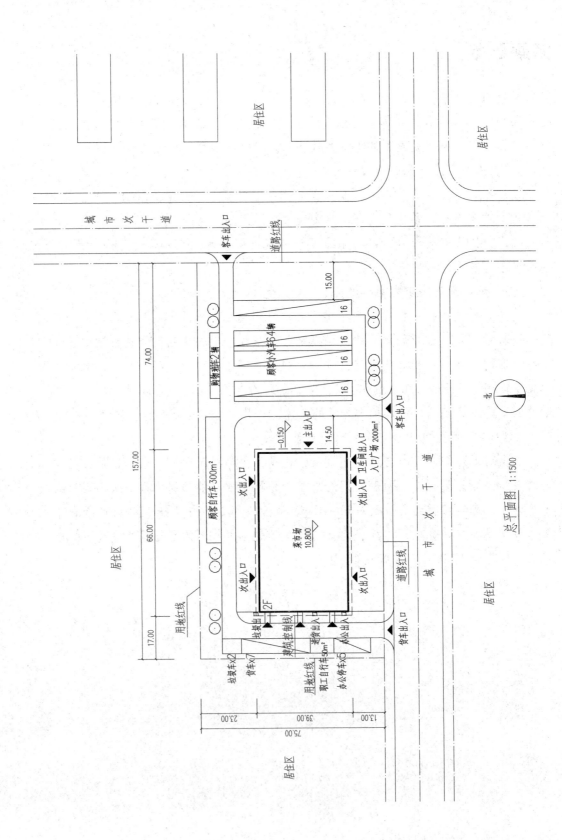

一层平面图 1:500
一层建筑面积 2268 m²

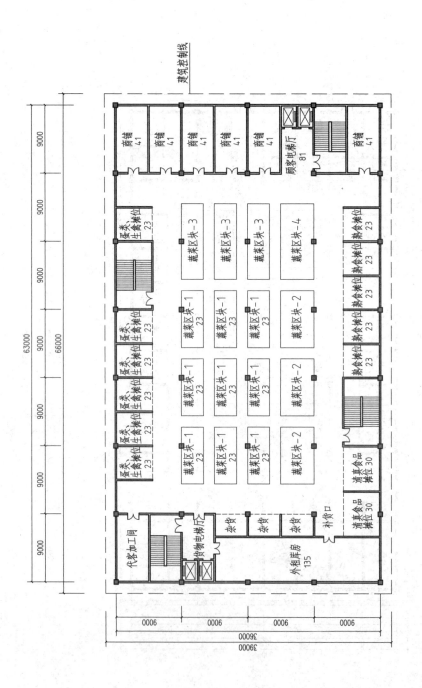

二层平面图 1:500

二层建筑面积 2268 m²

3. 立体模型:

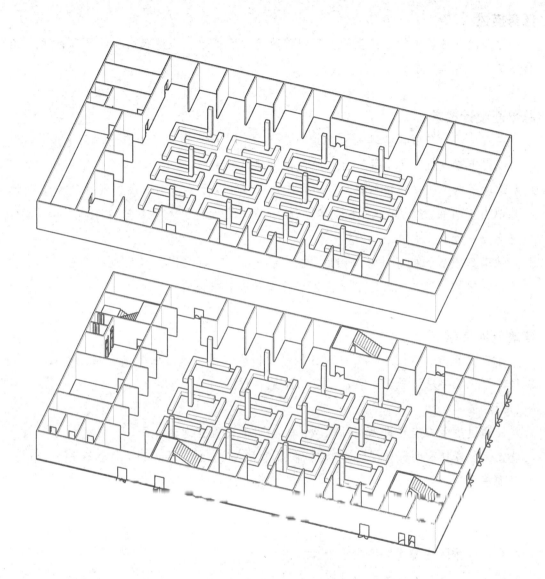

4. 复盘总结:

## 2-4 综合服务中心方案设计

**任务描述：**
  为方便社区居民的日常生活，某镇镇政府决定拟建一座建筑面积约 7700$m^2$ 的综合服务中心，具体要求如下。

**总平面设计要求：**
  在用地红线范围内合理布置基地各出入口、广场、道路、停车场和绿地。在建筑控制线内布置建筑物（雨篷、台阶允许突出建筑控制线）。
1. 基地设置两个机动车出入口，分别开向两条城市次干道。南面设置人行出入口一处。
2. 基地内至少布置小型机动车停车位 50 个，靠近人行出入口处布置 150$m^2$ 非机动车停车场一处。
3. 基地南部设置面积不小于 1500$m^2$ 的广场一处；建筑主出入口设置在南面，办公主次出入口均设置在北面。其他出入口根据功能要求设置。

**建筑设计要求：**
  综合服务中心由门厅区、办事区和办公区组成，要求分区明确、相对独立。各功能房间面积及要求详见面积表，主要功能见示意图。

一、门厅区
1. 居民通过主入口广场进入门厅区域，入口附近设置咨询台一处。
2. 设置四台客梯和两部楼梯（也作为消防疏散楼梯）直通二层办事大厅区，分两处设置，位置良好。
3. 值班和接待应同时向门厅区和办公区直接开门。

二、办事区
1. 柜台前的排队通道宽度不应小于 4m。
2. 接待应同时向办公区和办事区直接开门。
3. 除公安人口服务柜台外，各部门服务柜台应与办公区直接联系。
4. 首层办事大厅内设置两部自动扶梯通往二层办事大厅。

三、办公区
1. 办公区设置两个出入口，主入口靠近基地出入口设置；主入口门厅附近设置两台电梯及值班室。
2. 办公区应与门厅区、办事区直接联系，便于服务和管理。

3. 各部门办公用房与其相应的柜台办公靠近设置。除公安人口服务之外的柜台办公应同时向办公区和服务柜台直接开门。

**其他：**

1. 本建筑为钢筋混凝土结构。
2. 建筑层高：一、二层层高均为 4.5m。室内外高差为 150mm。
3. 采光通风：面积表内"采光通风"栏内标注 # 号的房间，要求有天然采光和自然通风。

## 表一：一层用房、面积及要求

| 分区 | 房间及空间名称 | 建筑面积（m²） | 间数 | 采光通风 | 备注 |
|---|---|---|---|---|---|
| 门厅区 | *大厅 | 448 | 1 | # | 含咨询台1处 |
| | 值班 | 24 | 1 | # | |
| | 接待室 | 24 | 1 | # | |
| 办事区 | *办事大厅 | 960 | 1 | | 含排队区域不小于416m²，局部通高约347m² |
| | *社会保障服务柜台 | 80 | 1 | | 宽度不小于20m |
| | *劳动就业服务柜台 | 80 | 1 | | 宽度不小于20m |
| | *生活缴费服务柜台 | 160 | 1 | | 宽度不小于40m |
| | *公安人口服务柜台 | 96 | 1 | | 宽度不小于24m |
| | 接待室 | 32 | 2 | | 每间32m² |
| | 卫生间 | 64 | 1 | | 男卫、女卫各32m²，均含无障碍厕位 |
| 办公区 | 主入口门厅 | 32 | 1 | # | |
| | 次入口门厅 | 32 | 1 | # | |
| | 值班室 | 24 | 1 | # | |
| | 公安人口柜台办公 | 16 | 6 | | 每间16m² |
| | 社会保障柜台办公 | 16 | 4 | | 每间16m² |
| | 社会保障更衣室 | 24 | 2 | # | 每间24m² |
| | 社会保障办公室 | 24 | 3 | # | 每间24m² |
| | 劳动就业柜台办公 | 16 | 4 | | 每间16m² |

续表

| 分区 | 房间及空间名称 | 建筑面积（m²） | 间数 | 采光通风 | 备注 |
|---|---|---|---|---|---|
| 办公区 | 劳动就业更衣室 | 24 | 2 | # | 每间24m² |
| | 劳动就业办公室 | 24 | 3 | # | 每间24m² |
| | 生活缴费柜台办公 | 16 | 9 | | 每间16m² |
| | 生活缴费更衣室 | 24 | 2 | # | 每间24m² |
| | 生活缴费办公室 | 24 | 5 | # | 每间24m² |
| | 会议室 | 48 | 3 | # | 分散布置，每间48m² |
| | 资料室 | 24 | 3 | # | 分散布置，每间24m² |
| | 卫生间 | 48 | 3 | # | 分三处设置，男卫、女卫各24m²，含无障碍厕位 |
| | 辅助办公室 | 24 | 6 | # | 每间24m² |
| 其他 | 交通面积（走道、楼电梯等）约664m² | | | | |
| 一层建筑面积 4032m²（允许±5%：3830～4233m²） | | | | | |

## 表二：二层用房、面积及要求

| 分区 | 房间及空间名称 | 建筑面积（m²） | 间数 | 采光通风 | 备注 |
|---|---|---|---|---|---|
| 办事区 | *办事大厅 | 896 | 1 | | 含排队区域不小于320m² |
| | *司法援助服务柜台 | 80 | 1 | | 宽度不小于20m |
| | *综合事务服务柜台 | 80 | 1 | | 宽度不小于20m |
| | *企业设立服务柜台 | 160 | 1 | | 宽度不小于40m |
| | 接待室 | 32 | 2 | | 每间32m² |
| | 卫生间 | 64 | 1 | | 男卫、女卫各32m²，含无障碍厕位 |
| 办公区 | 司法援助柜台办公 | 16 | 4 | | 每间16m² |
| | 司法援助更衣室 | 24 | 2 | # | 每间24m² |
| | 司法援助办公室 | 24 | 3 | # | 每间24m² |
| | 企业设立柜台办公 | 16 | 9 | | 每间16m² |
| | 企业设立更衣室 | 24 | 2 | # | 每间24m² |
| | 企业设立办公室 | 48 | 3 | # | 每间48m² |

续表

| 分区 | 房间及空间名称 | 建筑面积（m²） | 间数 | 采光通风 | 备注 |
|---|---|---|---|---|---|
| 办公区 | 企业设立档案室 | 24 | 1 | # | |
| | 综合事务柜台办公 | 16 | 4 | | 每间16m² |
| | 综合事务更衣室 | 24 | 2 | # | 每间24m² |
| | 综合事务办公室 | 24 | 3 | # | 每间24m² |
| | 会议室 | 48 | 4 | # | 分散布置，每间48m² |
| | 卫生间 | 48 | 3 | # | 分三处设置，男女各24m²，含无障碍厕位 |
| | 资料室 | 24 | 3 | # | 分散布置，每间24m² |
| | 辅助办公室 | 48 | 8 | # | 每间48m² |
| 其他 | 交通面积（走道、楼电梯等）约821m² | | | | |
| 二层建筑面积 3685m²（允许±5%：3500～3869m²） | | | | | |

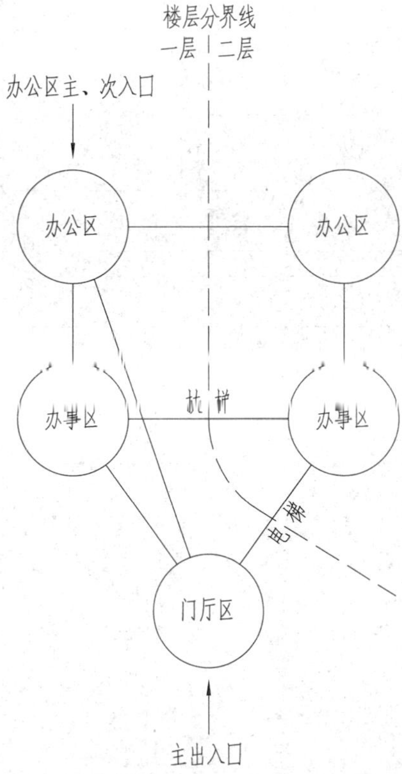

**一、二层主要功能关系示意图**

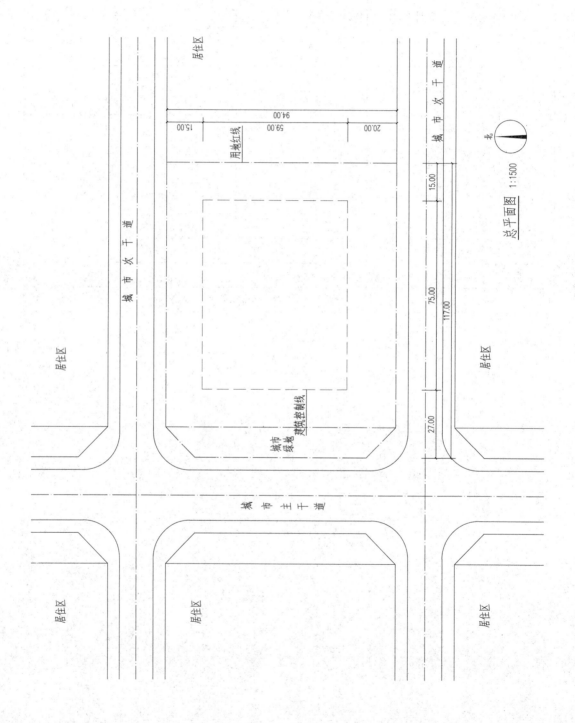

## 解题要点

1. 题目解析：

　　这是一道以内部中庭作为核心的子母式空间为考核点的题目，整个建筑就像西瓜一样，办公是皮在最外面，最里面是给外部人员使用的瓤，中间夹的是服务柜台。外部办公可以通过外墙采光，内部的中庭可以通过天窗采光通风，从而使整个建筑达到功能适用、运行经济、形式美观三位合一的理想状态。

　　这个题目，我们需要强调的三个点：

　　（1）外中内：

　　不同于其他题目，这个建筑的内区放在了外面，外区却放在了里面。并且布局模式也不是常见的外中内三层的汉堡式布局，而是包子或比萨一样的布局，周边一圈辅助类小房间，里面才是最硬核的主功能空间。

　　（2）公安柜台位置：

　　题目明确公安柜台相对独立，暗示它可能没有跟办公部分连在一起。可能有同学质疑这样的布置会不会让流线出现问题，办公人员进入公安柜台的动线和外部动线会不会交叉混行？混行确实是混行，但是建筑中其实是可以接受部分流线混行的，尤其是在内部人流很小的情况下。比如说医护人员从医护区到门厅里的导诊台，2018年枢纽站的办公人员从内务区到出站区的验票室，2019年电影院工作人员到休息室等，都有混行的情况。

　　（3）门厅形状：

　　房间的名称在一定程度上决定房间的形状，比如说候诊廊好像就有点长，报告厅就相对要更方，那么门厅要是什么形状呢？那我们就需要知道房间名称决定形状的内在逻辑。首先是房间的名字决定了房间的功能，比如说候场厅就是用来候场的，候诊厅就是用来候诊的，观众厅就是看电影的，宴会厅就是用来吃饭的。然后功能在一定程度上决定形式，开会的功能就不能太长，否则最后一排看不到前面屏幕。所以说名字决定功能，功能又决定形式。至于门厅是长是方，那就看它的功能，主要有两个，蓄客和分流。主蓄客就方，主分流就长。

2. 参考答案：

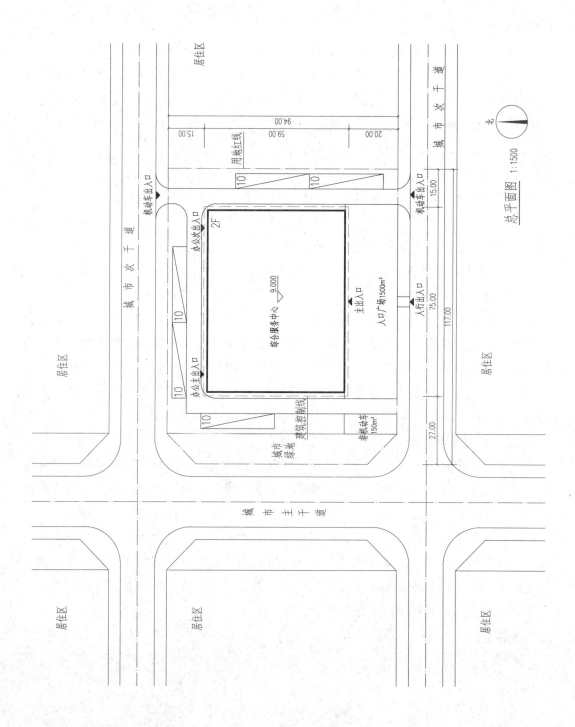

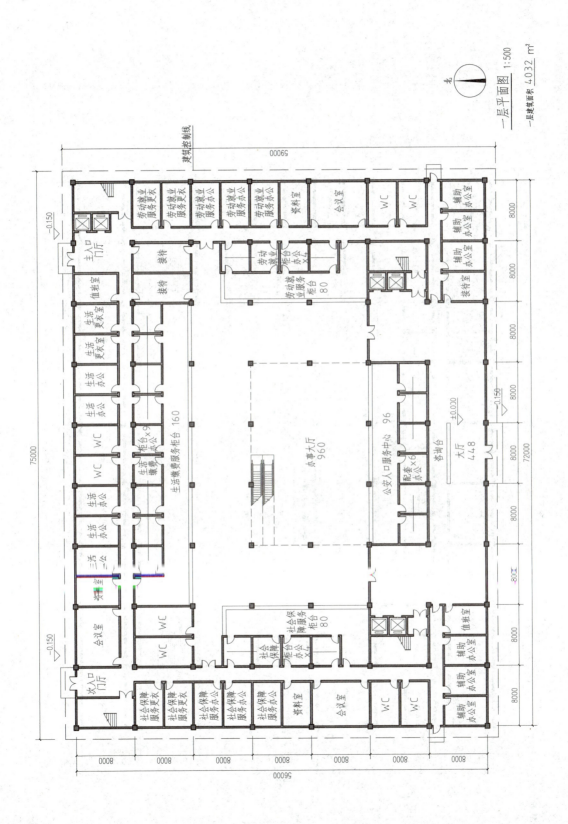

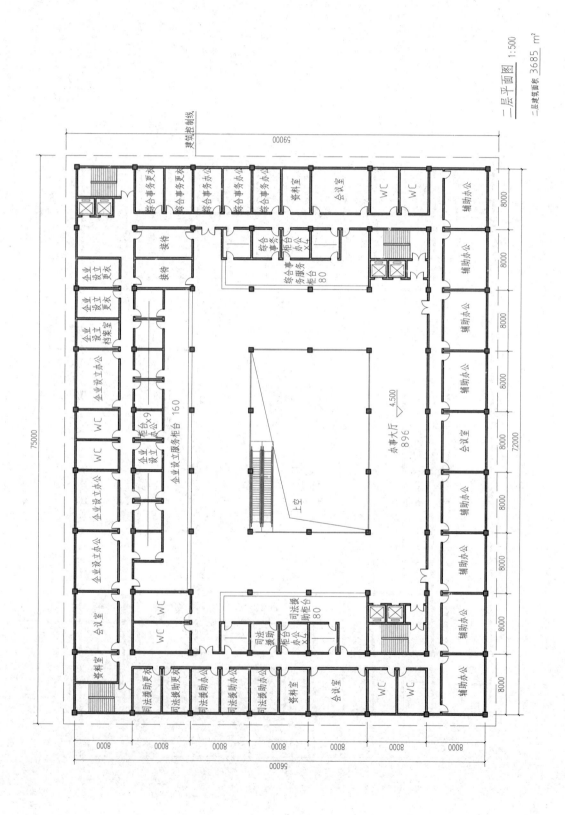

3. 立体模型：

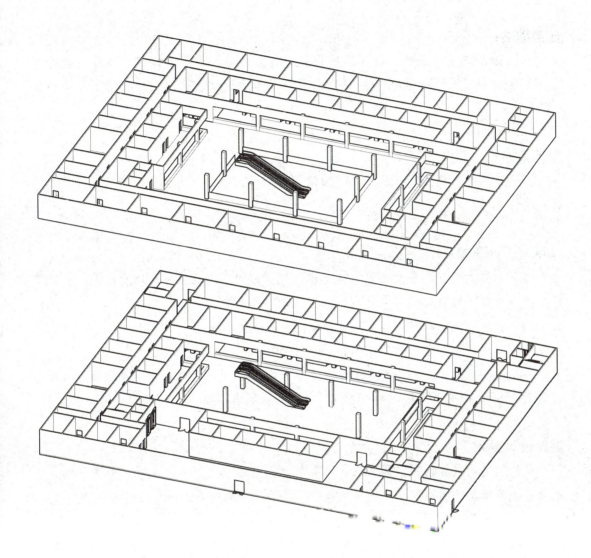

4. 复盘总结：

## 2-5 民俗展览馆方案设计

**任务描述：**
在我国南方某县级市设计一座民俗展览馆。展览馆为3层建筑。本设计仅绘制总平面图和一、三层平面图（相关设施设备不作考虑和表达）。总建筑面积合计约 8800m²。

**用地条件：**
基地东侧与南侧为城市次干道，西侧邻商业区，北侧邻办公区。用地红线、建筑控制线详见总平面图。

**总平面设计要求：**
在用地红线范围内合理布置基地各出入口、广场、道路、停车场和绿地，在建筑控制线内布置建筑物（雨篷、台阶允许突出建筑控制线）。
1. 基地设置两个机动车出入口，分别开向两条城市次干道。
2. 基地内布置地面小型机动车停车位45个，非机动车停车场200m²。
3. 建筑主出入口设在东面。基地东部布置面积约1000m²的入口广场，基地南部布置面积约1500m²的室外展区。其他出入口根据功能要求设置。

**建筑设计要求：**
民俗展览馆主要由观众服务区、陈列展示区及办公区组成，各区应分区明确、流线清晰。各功能房间面积及要求详见表一、表二，功能关系见示意图。

一、观众服务区
1. 观众购票后，在展览馆主入口处经安检（配置2台安检机）、验票后进入入口大厅。观众可通过通廊直接进入一层展厅，或由文化交流厅、观光电梯进入其他层参观。
2. 入口大厅设置两台观光电梯，安检处设置长度≥8m的存包柜一处。
3. 文化交流厅由两部自动扶梯、一部直跑楼梯、交流大台阶及休息平台组成。直跑楼梯宽度≥5m。交流大台阶每级800mm×480mm（宽×高），隔5级设置休息平台，平台宽度≥4m。

二、陈列展览区
1. 陈列展览区展厅朝南布置，各展厅应能独立使用互不干扰。
2. 多功能厅区域相对独立，休息厅设置对外出入口，贵宾可通过休息室进入到观众厅内。

3. 展品由地下库房经货梯厅运送到地上各层展厅。

三、办公区

1. 办公区相对独立，设对外出入口。与各区联系便捷，便于服务管理。
2. 首层办公区与入口大厅、咨询服务处和多功能厅内休息厅均直接联系；三层办公区通过文化交流厅与陈列展览区联系。

**其他：**

1. 本设计应符合国家现行规范、标准及规定。
2. 层高：一、二、三层层高均为 4.8m（文化交流厅下部利用空间除外）。入口大厅局部通高 14.4m（一至三层）；观众厅讲台区域层高不低于 6.0m，其他部分层高 9.6m；建筑室内外高差 150mm。
3. 结构：钢筋混凝土框架结构，不考虑变形缝。
4. 本题目不要求布置地下车库及出入口、消防控制室等设备用房和附属设施。
5. 采光通风：表一、表二"采光通风"栏内标注 # 号的房间，要求有天然采光和自然通风（文化交流厅允许通过天窗采光）。

**制图要求：**

一、总平面图

1. 绘制建筑物屋顶轮廓，并标注室内外地面相对标高。
2. 绘制机动车道、小型机动车停车位（标注数量）、非机动车停车场（标注面积）、入口广场（标注面积）、室外展区（标注面积）及绿化。
3. 绘制建筑物各出入口。

二、平面图

1. 绘制一、三层平面图，表示出柱、墙体（双线或单粗线）、门（表示开启方向）。窗、卫生洁具可不表示。
2. 标注建筑轴线尺寸、总尺寸，标注室内楼、地面及室外地面相对标高。
3. 标注房间或空间名称；标注带 * 号房间及空间（见表一、表二）的面积，允许误差 ±10% 以内。
4. 填写一、三层建筑面积，允许误差在规定面积的 ±5% 以内，房间及各层建筑面积均以轴线计算。

## 表一：一层用房、面积及要求

| 功能区 | 房间及空间名称 | | 建筑面积（m²） | 数量 | 采光通风 | 备注 |
|---|---|---|---|---|---|---|
| 观众服务区 | *入口大厅 | | 541 | 1 | # | 局部三层通高，约373m²；含安检处约117m² |
| | *文化交流厅 | | 256 | 1 | # | 文化交流厅下部空间，长度1/2范围内需利用 |
| | 咨询服务处 | | 64 | 1 | # | 含广播、办公室各16m²(服务台长度不小于8m) |
| | 售票室 | | 64 | 1 | # | 售票窗口开向主出口广场，长度≥6m；与咨询服务处联系 |
| | 售品部 | | 48 | 1 | # | |
| | 纪念品 | | 128 | 1 | # | 含收银处和库房合计24m² |
| | 咖啡 | | 128 | 1 | # | 含吧台和制作间合计24m² |
| | 卫生间 | | 48 | 1处 | # | 男卫、女卫各24m²，均含无障碍厕位 |
| 陈列展览区 | *展厅1 | | 384 | 1 | # | |
| | *展厅2 | | 256 | 1 | # | |
| | *通廊 | | 336 | 1 | | |
| | 多功能厅 | *观众厅 | 384 | 1 | # | 讲台面积为48m²，深度≥4m |
| | | 休息厅 | 192 | 1 | # | |
| | | 音响室 | 16 | 1 | | 与观众厅联系 |
| | | 设备室 | 16 | 1 | | |
| | | 休息室 | 32 | 1 | | |
| | | 卫生间 | 18 | 1处 | # | 男卫、女卫各9m² |
| | 管理室 | | 24 | 1 | # | 与货梯厅相邻 |
| | 货梯厅 | | 48 | 1 | | 含一部货梯及一部楼梯 |
| | 储藏室 | | 64 | 1 | | |
| | 母婴室 | | 24 | 1 | # | |
| | 卫生间 | | 48 | 1处 | # | 男卫、女卫各24m²，均含无障碍厕位 |
| 办公区 | 门厅 | | 32 | 1 | # | |
| | 值班室 | | 24 | 1 | # | |
| | 更衣室 | | 32 | 2 | | 每间32m² |

续表

| 功能区 | 房间及空间名称 | 建筑面积（m²） | 数量 | 采光通风 | 备注 |
|---|---|---|---|---|---|
| 办公区 | 办公室 | 24 | 2 | # | 每间24m² |
| | 卫生间 | 18 | 1处 | | 男卫、女卫各9m² |
| 其他 | 交通面积（走道、楼梯等）约215m² | | | | |
| 一层建筑面积 3520m²（允许±5%） | | | | | |

## 表二：三层用房、面积及要求

| 功能区 | 房间及空间名称 | 建筑面积(m²) | 数量 | 采光通风 | 备注 |
|---|---|---|---|---|---|
| 观众服务区 | *文化交流厅 | 256 | 1 | # | |
| 陈列展览区 | *展厅 | 384 | 2 | # | 每间384m² |
| | *儿童互动厅 | 256 | 1 | # | |
| | 观众体验厅 | 128 | 1 | # | |
| | *通廊 | 515 | 1 | | |
| | 卫生间 | 48 | 2处 | # | 每处48m²，男卫、女卫各24m²，均含无障碍厕位，两处卫生间之间间距大于50m |
| | 母婴室 | 24 | 1 | # | |
| | 管理室 | 24 | 1 | # | |
| | 货梯厅 | 48 | 1 | | 含一部货梯及一部楼梯 |
| | 售品部 | 40 | 1 | # | |
| 办公区 | 库房 | 48 | 1 | # | |
| | 商务洽谈室 | 24 | 4 | # | 每间24m² |
| | 档案室 | 24 | 1 | # | |
| | 办公室 | 24 | 3 | # | 每间24m² |
| | 卫生间 | 18 | 2处 | # | 每处18m²，男卫、女卫各9m² |
| | 摄影室 | 24 | 1 | # | |
| | 宣传室 | 24 | 1 | # | |
| | 会议室 | 48 | 1 | # | |
| 其他 | 交通面积（走道、楼梯等）约293m² | | | | |
| 三层建筑面积 2828m²（允许±5%） | | | | | |

 观光电梯 1:200
 货梯 1:200
 4m×1.5m 安检机 1:200

自动扶梯 1:200

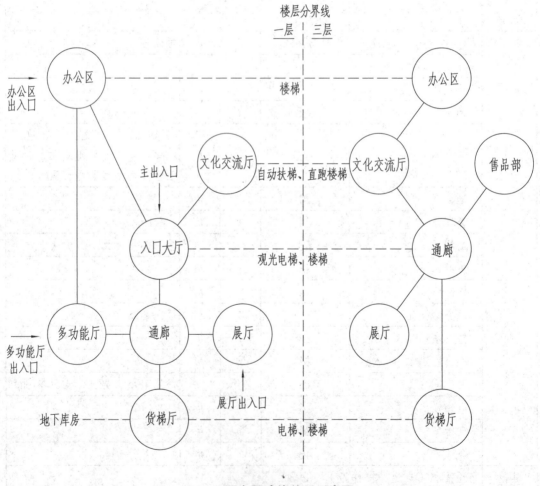

**一、三层主要功能关系示意图**

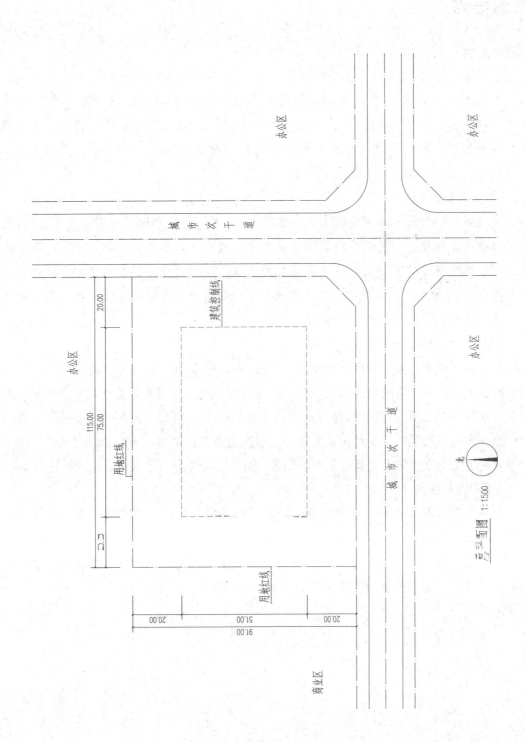

## 解题要点

1. 题目解析：

   这是一道以立体空间为主要考核点的题目，不同于常规题目重点关注的分区、面积、流线，本题目回归到对空间的理解和把握。整个建筑的核心就是横贯东西的文化交流厅，它是一个从一层到三层的大楼梯，既实现了上下层的联系，又实现内外区的联系，同时塑造了整体空间。它是整个建筑的核心，也是重点更是难点。这个题目，读题时我们要注意的三个点：

   （1）天窗采光：

   常规题目的默认要求是房间通过外墙采光，如果考生要小聪明让房间开天窗的话，一样会被作无效处理。但这个题目明确说了文化交流厅需要采光，并且是通过天窗采光，那么这个房间的位置就一定是在建筑的内部，从而间接帮我们去确定它的位置。如果忽略这一点，只知道文化交流厅要采光，一心想把它布置靠外墙一些，那么整个方案布局将在错误的道路上渐行渐远。

   （2）讲台6m：

   题目要求报告厅层高9.6m，但讲台区域层高只需要6m，那么这个高度不同的要求到底暗示着什么？利用逆向思维来推断，标准答案的这个房间肯定是受到了什么东西的干扰，导致本来层高是9.6m的房间局部高度受到影响。那么，什么样的建筑元素会影响一个房间的高度呢？很有可能是类似于电影院大观众厅那样的大台阶、大坡道。在本题中就是文化交流厅里的楼梯，从而我们推断报告厅可能放在了文化交流厅的下面。

   （3）内外联系：

   以往题目都是外区和内区同时联系中区，这次略有不同，我们通过题目的文字和气泡图可以看出内区工作和服务人员是通过外区进入内区展厅的。如果同学们执拗于外中内的常规布局，那么整个方案也可能会陷入僵局。所以说，有时候我们要放下自己的一些成见，按照题目的要求来设计方案。

2. 参考答案：

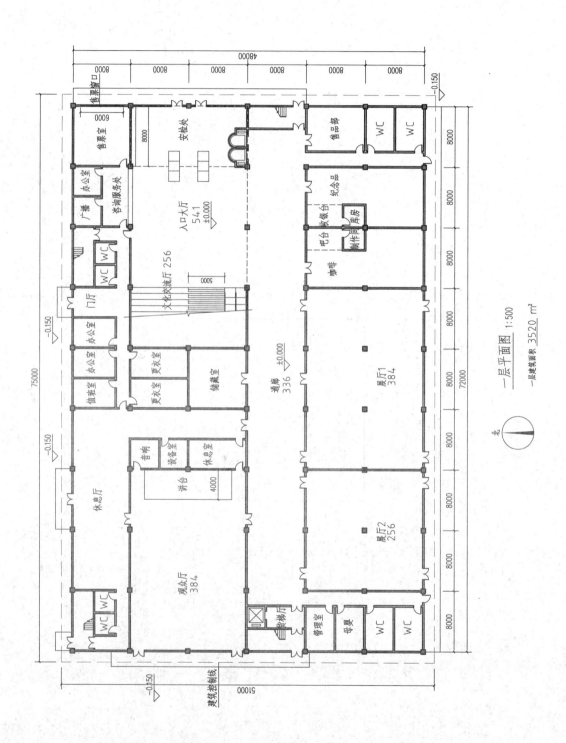

98 | 进阶难度

3. 立体模型:

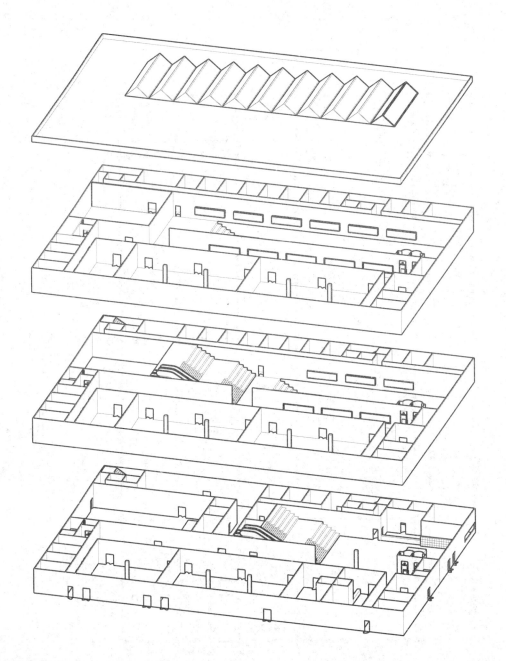

4. 复盘总结:

# 2-6 社区文体活动中心方案设计

**任务描述：**
　　北方某居住区内，需新建一座2层的社区文体活动中心（地上2层，地下1层）。地上总建筑面积合计约为4700㎡。本次设计阶段为读题转译和方案设计，需绘制总平面图和一、二层平面图。

**用地条件：**
　　基地内南侧、东侧临城市支路，北侧临住宅区，西侧临商业区，日照间距充足，具体信息详见总平面图。

**总平面设计要求：**
1. 在用地红线范围内布置出入口、道路、停车场、集散广场和绿地；在建筑控制线范围内布置建筑物。
2. 在基地东侧设外部机动车出入口一处，人行出入口一个，在基地南侧设置内部机动车出入口一个；在用地红线范围内合理组织交通流线，人车分流；道路宽7m，人行道宽3m。
3. 基地内设市民停车场和员工停车场。市民停车场设小客车停车位20个，非机动车停车场300㎡（与城市道路人行道直接联系）；员工停车场设小客车停车位15个，非机动车停车场100㎡。
4. 建筑主出入口设置在东面，游泳馆出入口设在南面。在基地东南角设一个人员集散广场（L形转角），面积不小于3000㎡，其他出入口根据功能要求设置。
5. 保留基地中现状大树，新建建筑与树冠的间距应不小于5m。

**建筑设计要求：**
　　社区文体活动中心由活动区、报告厅、办公区组成，各区分区明确，联系方便。各房间面积及要求详见表一、表二，主要功能关系见示意图。本建筑采用钢筋混凝土框架结构，一、二层层高均为4.2m，室内外高差为150mm；泳池区域、报告厅内观众厅为两层通高。

**一、活动区**
1. 市民进入主入口门厅后，可通过交往廊进入各个活动区域，或通过门厅附近的楼、电梯直接进入二层交往廊，进行各类型文体活动。

2. 游泳区相对独立，设置在地下一层。游泳区入口前设置宽度不小于8m的下沉广场，长度与泳池区域一致。市民通过集散广场经室外楼梯到达下沉广场后进入到游泳区。泳池区域包括泳池及四周安全区。泳池大小为25m×17m（长×宽），泳池四周安全区域为3.5m。泳池区域应南向采光。
3. 琴房区域相对独立，琴房前走廊宽度不小于3m，兼顾休息使用。
4. 一层老年活动室，二层书法与美术室应集中布置。其中美术用房为北向采光，并直接面向基地内保留大树的景观。

二、报告厅
1. 报告厅的布置相对独立。观众可从交往廊进入到观众厅，或从室外直接进入观众厅。建筑北侧设置后台独立的出入口，并与观众厅联系方便。
2. 报告厅内的观众厅做升起设计，每排升起高度为0.12m，共升起11排，每排排距宽度为1.1m，其中第一排距离讲台间距为2m。

三、办公区
1. 办公区设置独立的出入口，办公门厅附近设置一部客货梯，可到达二层或负一层办公区。
2. 办公区位置应考虑地下的游泳区和二层的图书阅览区；库房靠近客货梯布置。

**其他：**
1. 所有功能性房间（除部分外）均需满足自然采光、通风要求。
2. 本设计应符合国家现行相关规范和标准的规定。

**制图要求：**
一、总平面图
1. 建筑相关：绘制建筑屋顶平面轮廓（台阶、雨篷、下沉广场可出控制线，但不作表达）。
2. 交通组织：在用地红线范围内绘制道路（与城市支路接驳）、绿地、机动车停车场、非机动车停车场。
3. 绿化标注：绿地；集散广场面积；标注建筑层数和相对标高，标注基地各出入口，标注文体活动中心各出入口位置，标注机动车停车位和非机动车停车场面积。

二、平面图
绘制一层、二层平面图。
1. 墙：徒手单线表示的墙体；
2. 门：短粗线表示的门；
3. 柱：粗点表示的柱；
4. 数：如实标注核心数据：*号房间面积、单层面积、柱网尺寸、建筑总尺寸。

## 表一：一层用房面积及要求

| 功能区 | 房间及空间名称 | | 建筑面积（m²） | 数量 | 备注 |
|---|---|---|---|---|---|
| 活动区 | * 主入口门厅 | | 192 | 1 | 局部两层通高 |
| | 琴房区域 | 琴房 | 120 | 9 | 每间约13m² |
| | | 教师休息 | 20 | 1 | |
| | 值班室 | | 24 | 1 | |
| | 管理室 | | 24 | 1 | |
| | 便利店 | | 48 | 1 | |
| | 棋牌室 | | 144 | 2 | 每间72m² |
| | * 老年活动室 | | 288 | 3 | 每间96m² |
| | * 交往廊 | | 384 | 1 | |
| | 卫生间1 | | 40 | 1 | 男女各14m²，开水间6m²，无障碍卫生间6m² |
| | 卫生间2 | | 18 | 1 | 男女各9m² |
| 报告厅 | * 观众厅 | | 312 | 1 | 含讲台12m×4m（长×宽）|
| | 音响控制室 | | 18 | 1 | |
| | 储藏室 | | 18 | 1 | |
| | 后台 | 化妆服装 | 48 | 2 | 每间24m² |
| | | 卫生间 | 18 | 1 | 男女各9m² |
| 办公区 | 办公门厅 | | 32 | 1 | |
| | 值班室 | | 24 | 1 | |
| | 接待 | | 48 | 2 | 每间24m² |
| | 办公 | | 48 | 1 | |
| 其他 | 走廊、楼梯、电梯约500m² | | | | |
| | 一层建筑面积 2368m²（允许±5%） | | | | |

## 表二：二层用房面积及要求

| 功能区 | 房间及空间名称 | 建筑面积（m²） | 数量 | 备注 |
|---|---|---|---|---|
| 活动区 | * 交往廊 | 480 | 1 | |
| | * 书法 | 160 | 5 | 每间32m² |

续表

| 功能区 | 房间及空间名称 | | 建筑面积（m²） | 数量 | 备注 |
|---|---|---|---|---|---|
| 活动区 | *美术室 | | 144 | 3 | 每间48m²，内含画室33m²，准备室15m² |
| | 手工制作 | | 144 | 3 | 每间48m² |
| | 茶艺室 | | 96 | 2 | 每间48m² |
| | *图书阅览 | 阅览室 | 256 | 1 | |
| | | 借阅处 | 42 | 1 | 柜台长度不小于14m |
| | | 书库 | 70 | 1 | 通过借阅处与阅览室联系 |
| | 管理室 | | 32 | 1 | |
| | 卫生间1 | | 40 | 1 | 男女各14m²，开水间6m²，无障碍卫生间6m² |
| | 卫生间2 | | 18 | 1 | 男女各9m² |
| 办公区 | 办公室 | | 240 | 10 | 每间24m² |
| | 资料室 | | 48 | 1 | 靠近书法 |
| | 会议室 | | 48 | 1 | |
| | 卫生间 | | 18 | 1 | 男女各9m² |
| | 仓库 | | 48 | 1 | |
| 其他 | 走廊、楼梯、电梯约484m² | | | | |
| 二层建筑面积 2368m²（允许±5%） | | | | | |

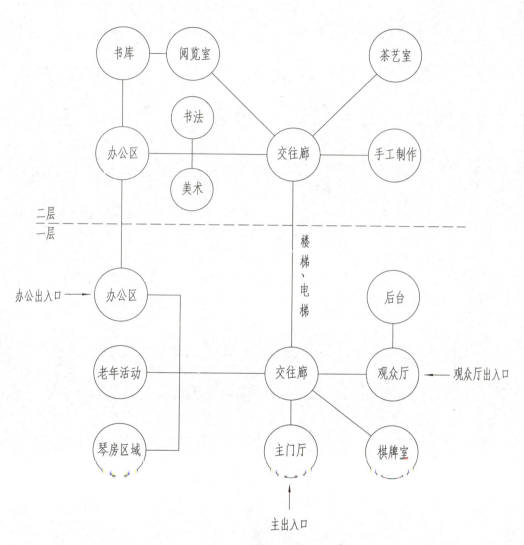

**主要功能关系示意图**

104 | 进阶难度

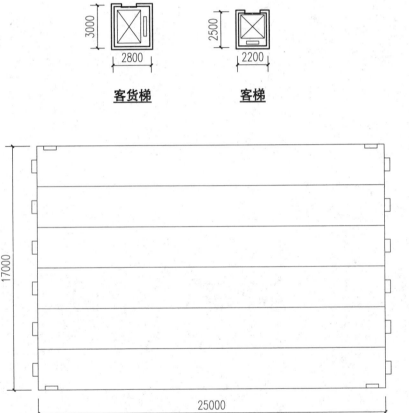

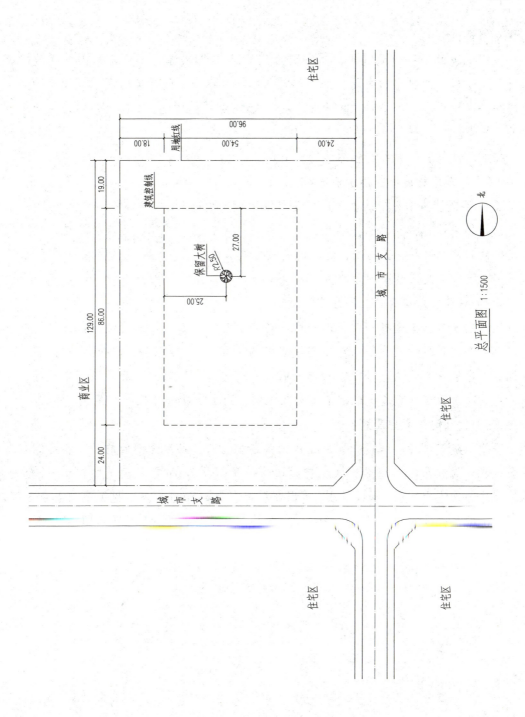

总平面图 1:1500

## 解题要点

1. 题目解析：

　　这应该也算是一道改编题，其原型是2011年的图书馆。不论是总图上横放的指北针，还是建筑的日字形布局，处处都有图书馆的痕迹。同时还考虑了近几年的命题趋势——规模更小，上下对位关系更丰富，对结构布置的关注，以及开始关注地下空间的考核等。

　　在解题过程中，你可能会纠结的三个点：

　　（1）下沉广场能不能出控制线？

　　2020年遗址博物馆中的下沉广场是可以出控制线的，所以我们首先默认这个广场也能出。如果题目特意说明不能出，我们就应按题作答也不出。但现在没说，那我们就按默认的来。值得一提的是，这个控制线是建筑控制线，通常就是限定地上建筑的，地下室建筑或空间通常不受影响。

　　（2）建筑主入口为什么不居中？

　　建筑主入口居中是特别常见的平面功能布置方式，不仅形式好处理，并且流线到达建筑各个位置也比较方便。但也有不居中的情况，这个题目主入口是正对保留大树设计的，也能说得过去。并且建筑总长80m，长边方向布置两个交通核基本就够，刚好一主一次。竖向主交通我们通常布置在主门厅附近，就一并放到了建筑的右侧。

　　（3）什么时候考虑变跨？

　　不管是建筑设计、结构布置，还是设备选型，一切都要为建筑的功能、形式和造价服务。走廊横贯南北，端头实现自然通风采光，宽度6m既可满足面积要求，也基本符合外部人流的需求，那就够了。不用非要追求都是8m的柱网，也不用刻意去变跨，你就想柱网是弹性的，可以根据需求自由调整，只要有秩序、有依据就好。

2. 参考答案：

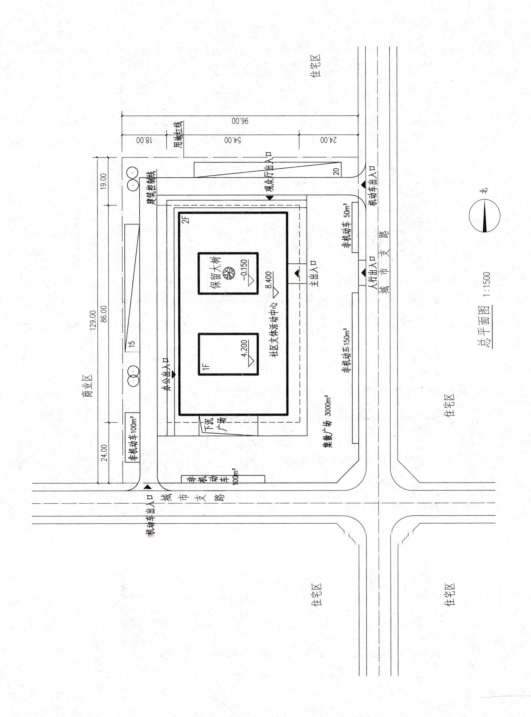

总平面图 1:1500

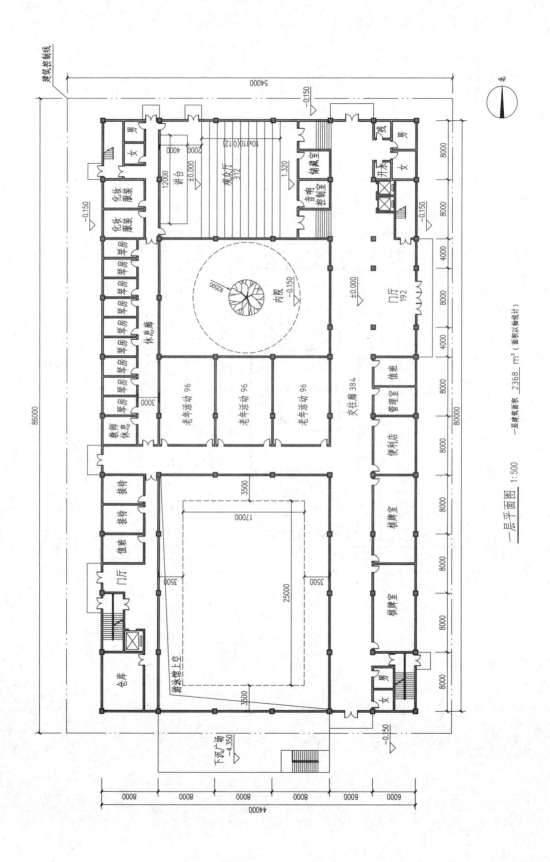

一层平面图 1:500　　一层建筑面积 2368 m²（面积以轴线计）

二层平面图 1:500　二层建筑面积 2368 m²（面积以轴线计）

3. 立体模型：

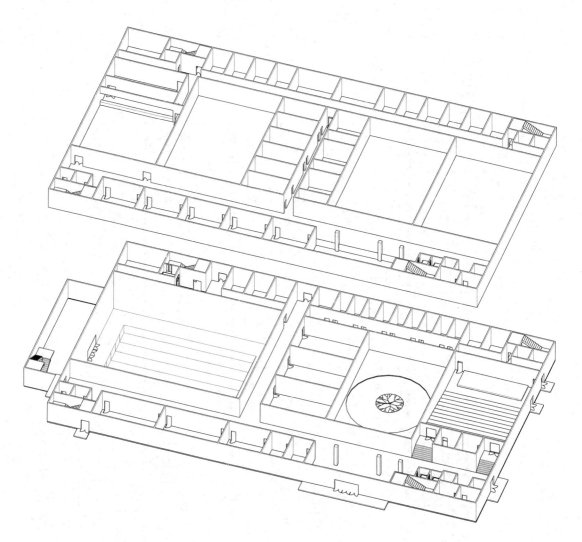

4. 复盘总结：

# Part 3
## 强化难度

本章题目为强化难度。
题目内容更加丰富,类型更多样。
难度基本和真题一致。

# 3-1 急诊楼方案设计

**任务描述：**
　　某医院根据发展需要，在基地东北角拟建一座2F急诊楼。按下列各项要求完成急诊楼方案设计，并绘制总平面图和一、二层平面图，其中一层建筑面积约2880m²，二层建筑面积约2496m²。

**用地条件：**
　　建筑控制线内地势平坦，南侧为现状门诊楼和城市次干道，西侧为现状医技楼和医院其他用房，东侧为城市次干道和住宅区，北侧为医院内部用地，用地情况与环境详见总平面图。

**总平面设计要求：**
　　用地红线范围内布置和完善急诊楼、基地各出入口、广场、道路、停车场和绿地，合理组织人流、车流。
1. 基地东侧设置急诊楼出入口及医护出入口各1个。
2. 急诊楼处设入口广场面积≥2500m²，医技楼处设入口广场面积≥1000m²。
3. 基地东南角布置医院机动车停车场面积≥2500m²，非机动车停车场≥400m²（门诊楼、急诊楼各设置一处，各≥200m²）。
4. 基地内布置医护机动车停车场一处，面积≥1000m²。
5. 设置专用污物货车停车位两个，临近污物出入口。
6. 急诊楼应设急诊出入口、急救出入口、医护出入口、污物出入口。急诊楼首层急诊区公共走廊与现有门诊楼通过连廊相连。
7. 在建筑控制线内布置急诊楼建筑（雨篷、台阶允许突出建筑控制线）。

**建筑设计要求：**
　　急诊楼主要由急诊区、急救区、输液区、ICU病房区、留观病房区、医护区和污物区组成。要求各区相对独立、流线清晰，病人候诊流线与医护人员流线必须分流。用房建筑面积及要求分别见表一、表二，主要功能关系见示意图。

一、急诊区
1. 急诊区内设置两台担架电梯直通二层公共走廊。
2. 病人通过急诊入口进入急诊区，在宽度不小于5m的宽廊候诊。医生通过医护走廊进入诊室和各检查室。
3. 影像位置方便急诊区及急救区使用。
4. 挂号用房位置相对独立。

二、急救区

1. 急救区内设置两台担架电梯直通二层公共走廊。
2. 病人通过急救出入口进入急救区，可直接进入抢救室，需要手术的病人通过换床通道进入手术用房进行手术。术后病人进入苏醒室观察后可直接通过苏醒室内电梯进入二层ICU病房区医护部分，再进入ICU病房；或通过急救区内担架电梯转移至二层留观病房。
3. 医护人员经卫生通过房间进入急救区手术用房的医护部分再经刷手和麻醉进入到手术室进行手术。
4. 手术室污物经过专用污物走廊直接进入污物间。

三、ICU病房区

1. 医护人员经卫生通过房间进入到ICU病房区内医护部分。
2. ICU病房区内设置专用污物收集间，并与污物间相连。

四、留观病房区

留观病房区域内走廊宽度不小于2.5m。

五、医护区

1. 医护区相对独立，设置医护出入口。内含电梯一台，靠近库房设置。
2. 首层医护区通过医护走廊连通公共走廊，并与各区联系方便。

## 其他：

1. 医护走廊不小于1.5m。
2. 急诊楼采用钢筋混凝土框架结构，一层层高为4.5m，二层层高为3.9m。
3. 急诊区部分诊室可以自然采光通风（允许有天光廊相隔），ICU病房区除了更衣室、换床通道之外用房均应自然采光通风；留观病房区内留观病房均应南北朝向并应自然采光通风；医护区用房均应自然采光通风。其他区域不作采光要求。
4. 本设计应符合国家相关规范、标准和规定。
5. 本题目不要求布置地下车库及其出入口、消防控制室等设备用房。

## 制图要求：

一、总平面图

1. 绘制广场、道路、停车场、绿化，标注各机动车出入口、机动车停车场及广场和非机动车停车场面积。
2. 绘制建筑的屋顶平面图，并标注层数和相对标高；标注建筑各出入口。

二、平面图

1. 绘制一、二层平面图，表示出柱、墙体（双线或单粗线）、门（表示开启方向）、窗、卫生洁具可不表示。
2. 标注建筑轴线尺寸、总尺寸，标注室内楼、地面及室外地面相对标高。
3. 标注房间及空间名称，标注带 * 号房间及空间（见表一、表二）的面积，允许误差 ±10% 以内。
4. 填写一、二层建筑面积，允许误差在规定面积的 ±5% 以内，房间及各层建筑面积均以轴线计算。

### 表一：一层用房、面积及要求

| 房间及空间名称 | | | 建筑面积（m²） | 数量 | 备注 |
|---|---|---|---|---|---|
| 急诊区 | * 急诊大厅 | | 128 | 1 | |
| | * 公共走廊 | | 320 | 1 | 设置护士站，长度不小于 4m，靠近诊室布置 |
| | 挂号 | | 64 | 1 | 窗口长度不小于 8m，含办公室 20m²，库房 12m² |
| | 药房 | | 128 | 1 | 窗口长度不小于 8m，其中取药柜台 32m²，药房库 96m² |
| | 公共卫生间 | | 64 | 1 | 男卫、女卫各 29m²，无障碍 6m² |
| | 诊室 | 急诊诊室 | 16 | 5 | 部分诊室自然采光通风（允许有采光廊相隔），每间 16m² |
| | | 候诊廊 | 60 | 1 | 候诊廊宽度不小于 5m |
| | | 化验 | 26 | 1 | 其中采血取样 10m²，化验室 16m²，按照采血取样－化验布置 |
| | | 心电图 | 26 | 1 | |
| | | 清创换药室 | 22 | 1 | 与公共走廊联系紧密 |
| | 影像 | DR 室 | 28 | 1 | |
| | | B 超室 | 28 | 1 | |
| | | CT 室 | 52 | 1 | 其中含控制室、更衣室各 7m²；控制室与医护走廊联系紧密 |

续表

| 房间及空间名称 | | | 建筑面积（m²） | 数量 | 备注 |
|---|---|---|---|---|---|
| 急诊区 | 影像 | 核磁共振室 | 52 | 1 | 其中含控制室、更衣室各7m²；控制室与医护走廊联系紧密 |
| | | 阅片读片室 | 12 | 1 | |
| | | 护士办公室 | 12 | 1 | |
| | | 候诊廊 | 40 | 1 | 候诊廊宽度不小于5m |
| 急救区 | * 急救大厅 | | 128 | 1 | |
| | * 公共走廊 | | 256 | 1 | |
| | 急救护士站 | | 64 | 1 | 窗口长度不小于8m，含值班室20m²，库房12m² |
| | 抢救 | * 抢救室 | 216 | 1 | |
| | | 注射室 | 10 | 1 | |
| | | 洗胃 | 10 | 1 | |
| | 手术 | * 大手术室 | 48 | 1 | 手术室规格长×宽(8m×6m) |
| | | * 小手术室 | 24 | 1 | 手术室规格长×宽(6m×4m) |
| | | 麻醉准备 | 12 | 1 | |
| | | 刷手处 | 12 | 1 | |
| | | 苏醒室 | 44 | 1 | 含电梯一部 |
| | | 换床通道 | 20 | 1 | 宽度不小于2.5m |
| | 医护 | 卫生通过 | 45 | 1 | 含换鞋间、男更、女更各15m²，按照换鞋－更衣布置 |
| | | 医护办公 | 24 | 1 | |
| | | 器械储藏 | 24 | 1 | |
| | | 敷料间 | 35 | 1 | |
| 医护区 | 医护门厅 | | 24 | 1 | |
| | 值班室 | | 24 | 1 | |
| | 更衣室 | | 24 | 2 | 男更、女更各24m² |
| | 医生办公室 | | 24 | 1 | |
| | 医生休息室 | | 24 | 1 | |
| | 护士办公室 | | 24 | 1 | |
| | 护士休息室 | | 24 | 1 | |
| | WC | | 30 | 1 | |
| | 库房 | | 65 | 1 | |

续表

| 房间及空间名称 | | 建筑面积（m²） | 数量 | 备注 |
|---|---|---|---|---|
| 污物区 | 污物间 | 12 | 1 | 含污物电梯一部，通过污物走廊与手术室相连，污物走廊≥2m |
| 其他 | 交通面积（走道、楼梯、医护走廊等）约467m² | | | |
| 一层建筑面积 2880m²（允许±5%：2736~3024m²） | | | | |

## 表二：二层用房、面积及要求

| 房间及空间名称 | | | 建筑面积（m²） | 数量 | 备注 |
|---|---|---|---|---|---|
| *公共走廊 | | | 448 | 1 | 含WC 24m²，设置护士站，长度不小于4m，靠近输液区布置 |
| 输液区 | *输液大厅 | | 320 | 1 | |
| | 护士站 | | 64 | 1 | 含护士站26m²，皮试和药库各19m² |
| 留观病房区 | 留观病房 | | 32 | 12 | 每间32m² |
| | 护士站 | | 12 | 1 | |
| | 治疗室 | | 16 | 1 | |
| | 处置室 | | 24 | 1 | 含药库9m²，与医护区联系紧密 |
| ICU病房区 | 病房 | *监护病床 | 10 | 7个 | |
| | | 监护区域 | 130 | 1 | 含护士站一处，柜台长度不小于5m |
| | | 治疗室 | 32 | 1 | |
| | | ICU污物收集间 | 10 | 1 | |
| | | 换床通道 | 10 | 1 | 宽度不小于2.5m |
| | 医护 | 卫生通过 | 18 | 1 | 含换鞋间4m²，男更、女更各7m²，按照换鞋-更衣布置 |
| | | 医护办公 | 16 | 1 | |
| | | 器械储藏 | 10 | 1 | |
| | | 敷料制作 | 10 | 1 | |
| | | 接待登记室 | 22 | 1 | 与公共走廊联系紧密 |

续表

| 房间及空间名称 | | 建筑面积（m²） | 数量 | 备注 |
|---|---|---|---|---|
| 医护区 | 医生办公室 | 24 | 1 | |
| | 医生休息室 | 24 | 2 | |
| | 护士办公室 | 24 | 1 | |
| | 护士休息室 | 24 | 2 | 每间24m² |
| | 示教室 | 24 | 2 | 每间24m² |
| | 会诊室 | 24 | 2 | 每间24m² |
| | 会议室 | 35 | 1 | |
| | WC | 30 | 1 | |
| | 库房 | 65 | 1 | |
| 污物区 | 污物间 | 12 | 1 | 含污物电梯一部，与ICU污物收集间、医护区联系紧密 |
| 其他 | 交通面积（走道、楼梯、医护走廊等）约518m² | | | |
| 二层建筑面积 2496m²（允许±5%：2371～2620m²） | | | | |

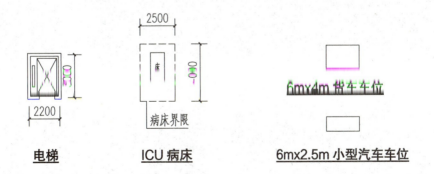

电梯　　ICU病床　　6m×2.5m 小型汽车车位

118 | 强化难度

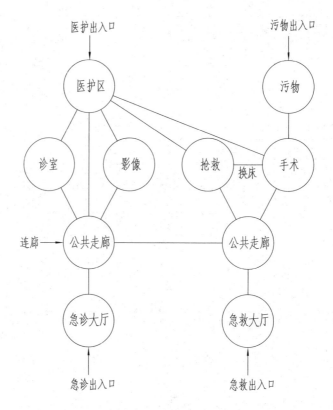

**一层主要功能关系图**

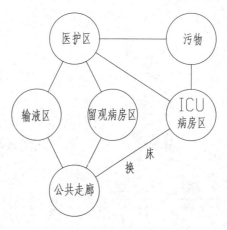

**二层主要功能关系图**

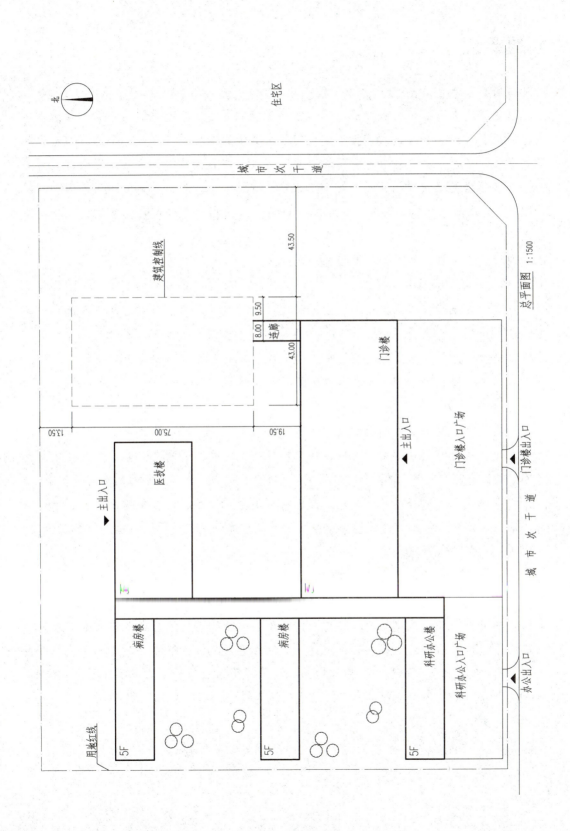

## 解题要点

1. 题目解析：

　　这是一道以并联、内院和流线作为主要考点的题目，功能类型是日常生活比较常见的医疗类建筑。一层通过连接通道锁定了公共走廊的位置，但是二层的公共走廊却进行了错位的操作，这块有点反常识。房间的细节布置比较吃基本功，因为房间比较多，大多还需要处理成相遇式流线，所以难度系数很大。相对于急救的手术区和二层的ICU，其他部分那些小房间还算简单，这两个点是相对比较浪费时间的，并且还不一定能处理好。

　　通过这个题目，我们可以学到这三点：

　　（1）相遇式流线：

　　病人通过候诊廊进入诊室，医生通过医护走廊进入诊室，两个不同的人流在进诊室之前不能出现交叉或混行的状况，这就是相遇流线的核心考点。不管是医疗建筑，还是其他什么建筑，只要是对内外人流有类似要求的题目，基本上就是这种布局。同时，这种流线和布局是既可以出现在分区层级，也可以出现在建筑层级上的。

　　（2）一层集中+二层内院：

　　一层是个充满建筑控制线的集中式建筑，虽然少去了挖内院的苦恼，但是由于内部房间较多且没有空余的空间占用，所以会导致布置房间时稍有偏差就会漏掉联系或房间，这就是集中式建筑的特点。二层挖了2个3格的院子，一来给两侧房间进行采光，二来把中区很明确地分成3个。从这点就可以看出院子量、形、质的重要性，处理不好的话，从总图上一眼就能看出来整个方案可能都是错的，这是内院式建筑的特点。

　　（3）公共走廊的错位：

　　通常情况下，如果一、二层同时出现一个房间，名字、面积和要求都一样话，那么这两个房间基本上就是上下对位的。但是也有个别对不上的情况，这个题目就是一个很好的例子。如果执拗于把二层的公共走廊也放在次跨的话，那么输液室就只能放在边跨上，这样的话，它就联系不上内区了。不管是从设计原理上考虑，还是题目的要求，好像都不太合适。那么这时候仔细读题，我们发现二层公共走廊面积要比一层小，有可能没有对上。移动位置后，问题就得到解决。

2. 参考答案：

强化难度 | 121

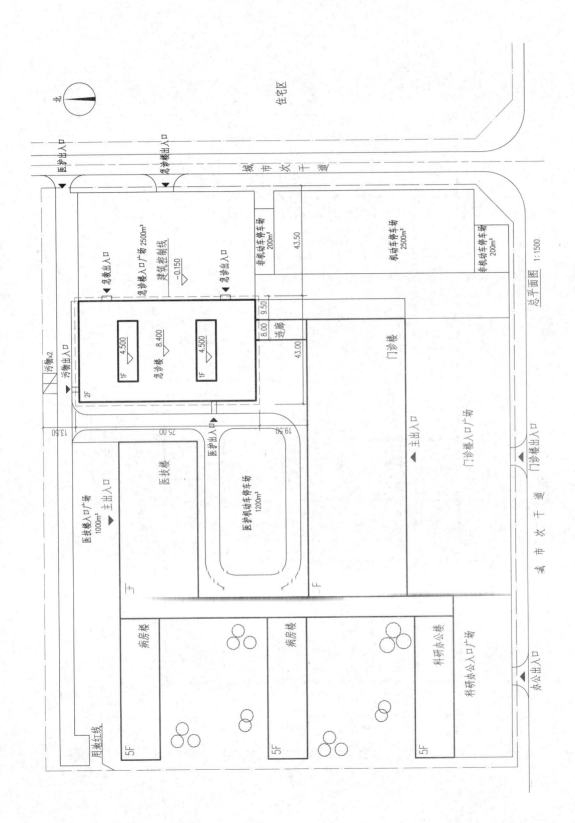

总平面图 1:1500

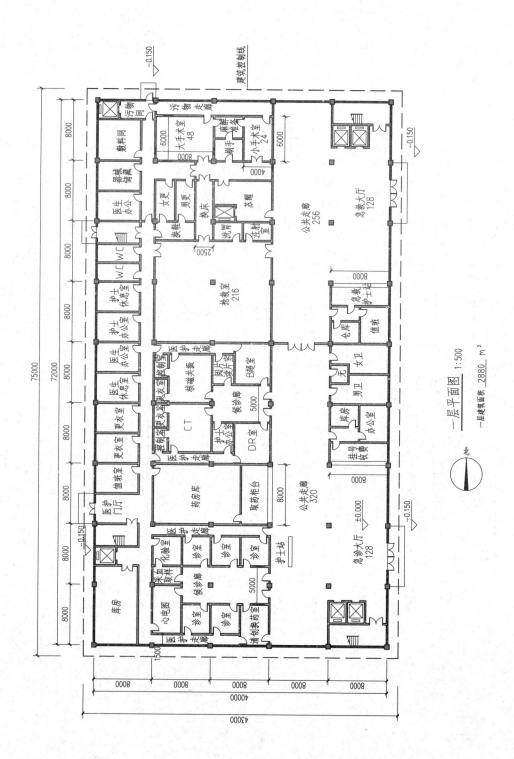

124 | 强化难度

3. 立体模型：

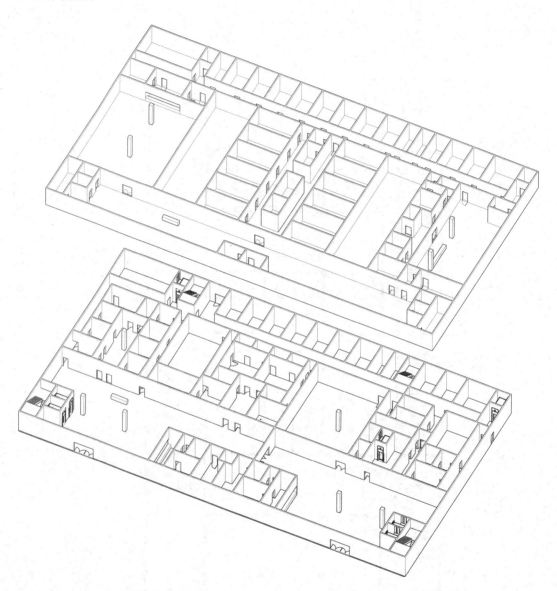

4. 复盘总结：

## 3-2 银行方案设计

**任务描述：**
　　在我国北方某城市设计银行一座。银行由一栋23层的塔楼和3层的裙房组成，另设有2层地下室。本设计仅绘制总平面图和一、二层平面图。其中一层建筑面积约为3000m²，二层建筑面积约为2500m²(三层建筑面积约为3000m²)。

**用地条件：**
　　基地东侧与南侧为城市次干道，西侧邻商业区，北侧邻办公区。用地红线、建筑控制线详见总平面图。

**总平面设计要求：**
　　在用地红线范围内合理布置基地各出入口、广场、道路、停车场和绿地，在建筑控制线内布置建筑物(雨篷、台阶允许突出建筑控制线)。
1. 基地设置两个机动车出入口，分别开向两条城市次干道。
2. 基地内布置地面小型机动车停车位35个。市民非机动车停车场200m²，职工非机动车停车场100m²。
3. 建筑对外营业部分出入口设在南面，普通办公部分出入口设在东面。基地东南角布置一个不小于3000m²的广场，其他出入口根据功能要求设置。
4. 按照当地城市规划技术管理规定及相关城市设计导则，塔楼部分高宽比应>2.7:1，塔楼部分在基地东侧。

**建筑设计要求：**
　　银行主要由对外营业部分、业务办公部分及普通办公部分组成，各部分应分区明确、流线清晰。各功能房间面积及要求详见表一、表二，功能关系见示意图。

一、对外营业部分
1. 现金营业区设独立出入口。在门厅附近设置两部电梯通往二层对外营业部分。现金营业区设置在裙房内。
2. 候办厅内房间虚线表示即可。
3. 各服务柜台前办理区域深度≥4m。
4. 24小时自助银行设独立出入口，朝向南侧广场；并与现金营业区的门厅联系。加钞间只能通过现金办公区才能进入。

5. 各现金服务柜台与候办厅之间需要通过缓冲式电动联动门（双道门）联系，与对应的现金办公区通过普通门联系。
6. VIP现金营业区设独立出入口。VIP现金营业区设置在塔楼内。
7. 二层对外营业部分均为非现金业务，其中的非现金和对公服务柜台与候办厅之间需要通过普通门联系，与对应的办公亦通过普通门联系。

二、业务办公部分
1. 业务办公部分设独立出入口。业务办公部分内房间分设在塔楼及裙房内。
2. 办公人员从共用区进入现金办公区及VIP现金办公区内需要通过缓冲式电动联动门（双道门）。

三、普通办公部分
1. 普通办公部分设独立出入口。普通办公部分设置在塔楼内。
2. 塔楼交通核内含四部客用电梯、一部消防电梯和两部防烟楼梯、候梯厅、卫生间、设备间和相关管井。塔楼标准层建筑面积约为1156m²，交通核部分建筑面积约为169m²，管井位置适当考虑即可。

## 其他：
1. 本设计应符合国家现行规范、标准及规定。
2. 层高：一层层高为5.4m，二、三层层高为4.5m，四至二十三层层高为3.9m，建筑室内外高差150mm。
3. 结构：塔楼为框筒结构，裙房为钢筋混凝土框架结构，不考虑变形缝。
4. 本题目不要求布置地下车库及出入口、消防控制室等设备用房和附属设施。
5. 采光通风：表一、表二"采光通风"栏内标注#号的房间，要求有天然采光和自然通风。

## 制图要求：
一、总平面图
1. 绘制建筑物屋顶平面图，并标明层数和相对标高。
2. 绘制机动车道、小型机动车停车位（标注数量）、非机动车停车场（标注面积）、人员集散广场（标注面积）及绿化。
3. 绘制建筑物各出入口。

二、平面图
1. 绘制一、二层平面图，表示出柱、墙体（双线或单粗线）、门（表示开启方向）。窗、卫生洁具可不表示。

2. 标注建筑轴线尺寸、总尺寸，标注室内楼、地面及室外地面相对标高。
3. 标注房间或空间名称；标注带*号房间及空间（见表一、表二）的面积。允许误差±10%以内。
4. 填写一、二层建筑面积，允许误差在规定面积的±5%以内，房间及各层建筑面积均以轴线计算。

## 表一：一层用房、面积及要求

| 房间及空间名称 | | | 建筑面积（m²） | 数量 | 采光通风 | 备注 |
|---|---|---|---|---|---|---|
| 对外营业部分 | 现金营业区 | *门厅 | 217 | 1 | # | 局部二层通高，约217m² |
| | | *休息厅 | 566 | 1 | | 含办理区域132m² |
| | | 候办厅 电子业务 | 145 | 1 | | |
| | | 理财服务 | 51 | 1 | | 理财服务区域深度≥3.0m |
| | | *现金服务柜台 | 158 | 1 | | 长度≥35.0m，含1个与候办厅联系的双道门 |
| | | *24小时自助银行 | 47 | 1 | # | 含17m²加钞间 |
| | | 卫生间 | 55 | 1 | # | 男卫、女卫各27.5m²，均含无障碍厕位 |
| | VIP现金营业区 | VIP门厅 | 89 | 1 | # | |
| | | VIP候办厅 | 89 | 1 | | 含办理区域34m² |
| | | VIP现金柜台 | 38 | 1 | | 长度≥8.5m，含1个与VIP候办厅联系的双道门 |
| | | 洽谈室 | 23 | 3 | | 每间23m² |
| 业务办公部分 | 共用区 | *营业区办公门厅 | 162 | 1 | # | 含两台电梯及一部楼梯 |
| | | 值班室 | 18 | 1 | # | |
| | | 更衣室 | 18 | 2 | | 每间18m² |
| | | 卫生间 | 29 | 1 | | 男卫、女卫各14.5m² |
| | 现金办公区 | 现金集中办公 | 264 | 1 | # | |
| | | 办公室 | 23 | 1 | # | |
| | | 重要凭证室 | 30 | 1 | # | |
| | | 会议室 | 23 | 1 | # | |
| | VIP办公区 | VIP现金办公 | 60 | 1 | | |

续表

| | 房间及空间名称 | 建筑面积（m²） | 数量 | 采光通风 | 备注 |
|---|---|---|---|---|---|
| 普通办公部分 | *普通办公门厅兼休息厅 | 357 | 1 | # | 含一处服务台；局部二层通高，约289m² |
| | 值班室 | 18 | 1 | # | |
| | 接待室 | 36 | 1 | | |
| | 候梯厅 | 36 | 1 | | 候梯厅深度不小于2.8m |
| | 卫生间 | 15 | 1 | | 男卫、女卫各7.5m² |
| | 设备间 | 12 | 1 | | |
| 其他 | 交通面积（走道、楼梯、高层交通核内管井等）约392m² | | | | |
| | 一层建筑面积 3035m²（允许±5%） | | | | |

### 表二：二层用房、面积及要求

| | | 房间及空间名称 | 建筑面积（m²） | 数量 | 采光通风 | 备注 |
|---|---|---|---|---|---|---|
| 对外营业部分 | | *候办厅 | 654 | 1 | | 含办理区域220m² |
| | | *非现金服务柜台 | 153 | 1 | | 长度≥34.0m，含2个与候办厅联系的普通门 |
| | | *对公服务柜台 | 95 | 1 | | 长度≥21.0m，含2个与候办厅联系的普通门 |
| | | 大洽谈室 | 47 | 1 | # | |
| | | 小洽谈室 | 36 | 3 | # | 每间36m² |
| | | 卫生间 | 55 | 1 | # | 男卫、女卫各27.5m²，均含无障碍厕位 |
| 业务办公部分 | 共用区 | 电梯厅 | 111 | 1 | | 含两台电梯及一部楼梯 |
| | | 卫生间 | 16 | 1 | | 男卫、女卫各8m² |
| | 非现金办公区 | 非现金办公 | 264 | 1 | # | |
| | 对公办公区 | 对公办公 | 179 | 1 | | |

续表

| 房间及空间名称 | | 建筑面积（m²） | 数量 | 采光通风 | 备注 |
|---|---|---|---|---|---|
| 普通办公部分 | 办公室 | 145 | 1 | # | |
| | 监控中心 监控室 | 120 | 1 | # | 含调阅间15m² |
| | 监控中心 值班室 | 45 | 1 | # | |
| | 监控中心 设备用房 | 36 | 1 | | |
| | 监控中心 卫生间 | 8 | 1 | | |
| | 候梯厅 | 36 | 1 | | |
| | 卫生间 | 15 | 1 | | 男卫、女卫各7.5m² |
| | 设备间 | 12 | 1 | | |
| 其他 | 交通面积（走道、楼梯、高层交通核内管井等）约430m² | | | | |
| | 二层建筑面积 2529m²（允许±5%） | | | | |

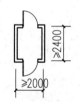

**缓冲式电动联动门（双道门）**

**电梯**

**6m×3m 小型汽车车位**

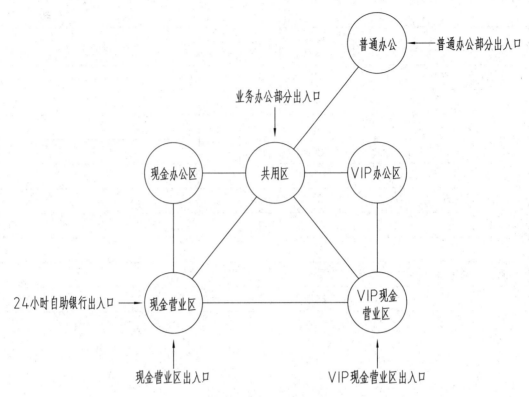

**一层主要功能关系图**

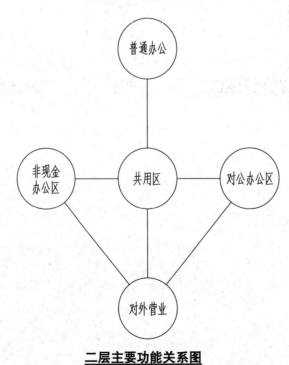

**二层主要功能关系图**

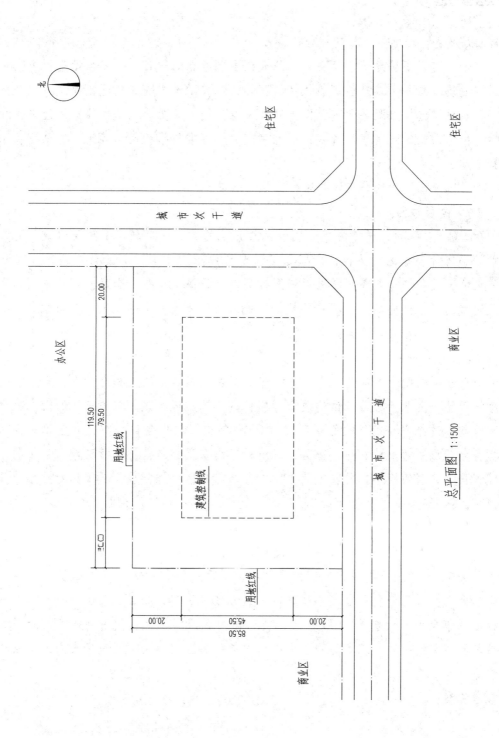

## 解题要点

1. 题目解析：

这是一道以高层建筑、集中式、防火为主要考点的题目，功能类型是很少出现的金融类建筑。总图上建筑控制线依然有富裕，但并不是内院式处理，而是放在角上留给广场。柱网选择上既要考虑总图上高宽比的限制，又要兼顾地库停车的经济性和便利性。把总图上的限制理解清楚，柱网确定对，标准层形状尺寸确定，这个题目基本上就解开了。

通过这个题目，我们应该关注的三个知识点：

（1）高层柱网：

7m、8m、9m 的柱网是方案作图考试最常见的，但这个题目是高层建筑，因为要兼顾地下车库停车的经济性，所以题目设定为 8.5m 的柱网，从而导致房间面积和平时常见的不太一样。很多同学采用矩形柱网甚至是多个变跨来满足面积要求，其实都是不明智的。设计要简洁，不单单是指形式，结构体系、设备组织、空间构成、交通流线、材料构造等都应该满足这一原则。

（2）防火分区：

防火分区的概念在前几年考试中很少被提及，但是出题人都有考虑，只不过是不作考核而已。近几年随着考试的改革，题目越来越贴近实践，防火分区的概念也逐渐放到台前。这个题目的防火分区延续了 2017 年旅馆扩建题目的防火分区思路，高层和裙房分开形成两个独立防火分区，每个分区内布置相应楼梯进行疏散。很多同学不太理解防火分区的概念，其实很简单，它和功能分区一样，自身封闭相对独立，开门实现联系就好了。

（3）高层标准层：

历年的方案作图考试中总共出现过两次高层建筑，一次是 2004 年的高层病房楼，一次是 2017 年的旅馆扩建，它们的共同特点除了是高层之外，还都是板式高层。那么既然板式高层已经出现过，按理说也应该考核一下塔式高层标准层的布置。本题目的标准层单层面积大概是 1100 多 $m^2$，交通核内置四周布置主使用功能的布局模式，应该是最常见的一种，基本等同于之前两次板式高层的一条廊两排房布局，大家必须要熟练掌握。

2. 参考答案：

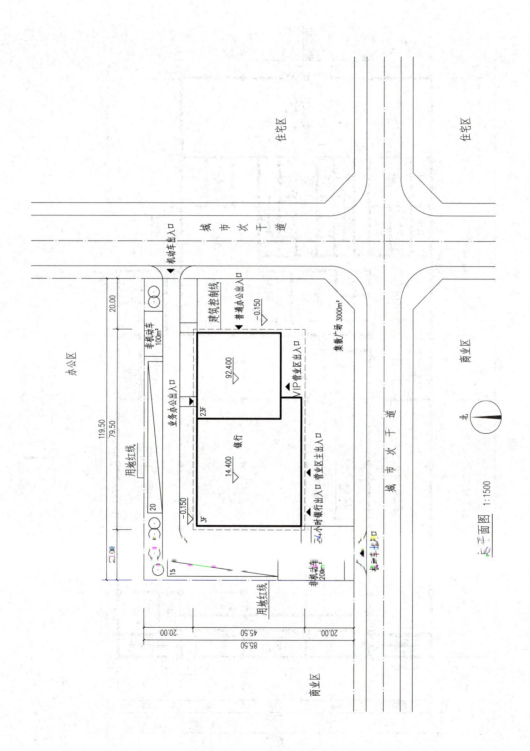

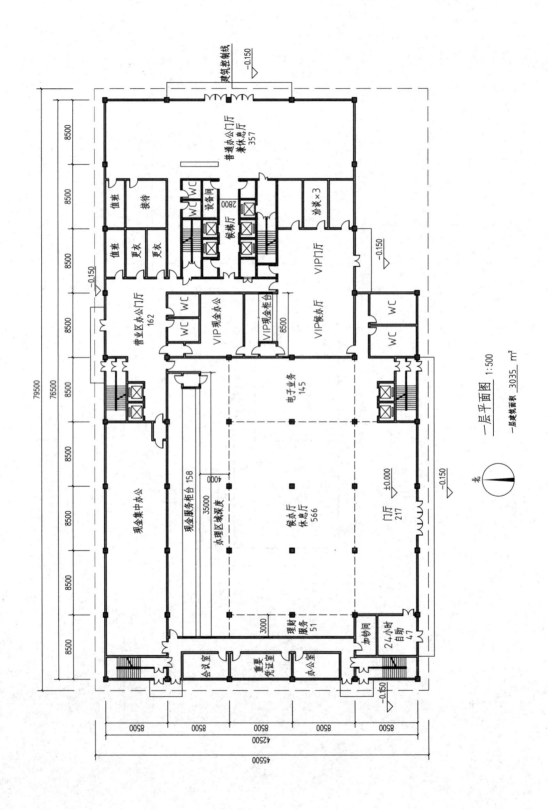

强化难度 | 135

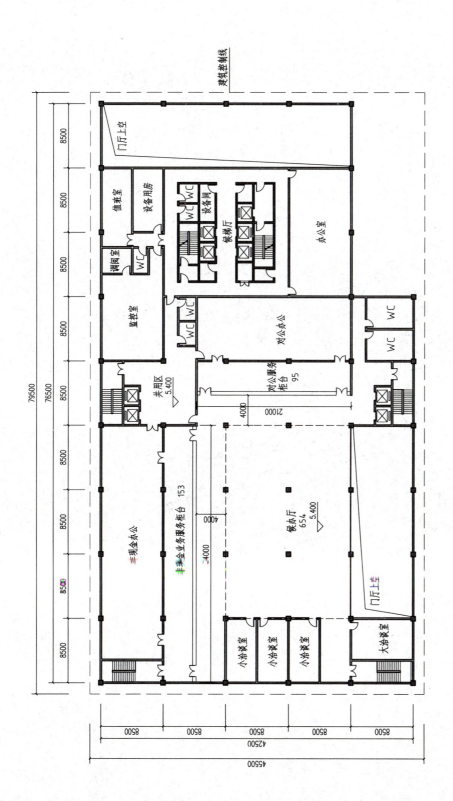

二层平面图 1:500

二层建筑面积 2529 m²

136 | 强化难度

3. 立体模型：

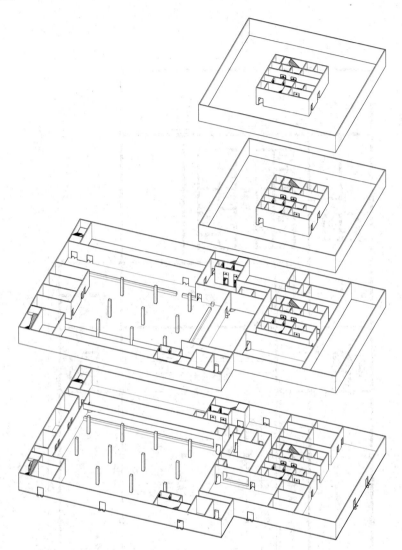

4. 复盘总结：

# 3-3 法院扩建项目方案设计

**任务描述：**

因法院发展需要，拟扩建一座两层基层人民法院。按下列要求设计并绘制总平面图和一、二层平面图，一、二层建筑面积合计约为 6000m²。

**用地条件：**

基地北侧与东侧为城市道路，西侧、南侧邻办公区。基地内地势平坦，有保留的既有办公建筑一座，具体情况详见总平面图。

**总平面设计要求：**

根据给定的基地车行出入口、道路、停车位、既有办公建筑等条件进行如下设计：
1. 在用地红线内完善基地内部道路系统。在基地北侧城市次干道上设置人行出入口。布置绿地及停车场地（新增：小型机动车停车位60个，200m² 非机动车停车场一处）。
2. 在建筑控制线内布置扩建的法院建筑（雨篷、台阶允许突出建筑控制线）。
3. 扩建法院建筑主出入口设在北面，基地北部布置一个不小于1000m²的人员集散广场，其他出入口根据功能要求设置。

**建筑设计要求：**

扩建法院主要由公共服务区、立案区、审判法庭区、羁押区及办公区组成。要求各区应分区明确、流线合理。各功能房间面积及要求详见表一、表二，功能关系见示意图。

一、公共服务区
服务大厅与调解室联系紧密。

二、立案区
1. 立案区设置对外独立出入口，直通人员集散广场。
2. 立案区内立案调解用房相对独立，同时与立案大厅及办公区内的立案办公联系方便。
3. 立案区内办公人员可通过服务柜台进入办公区内的立案办公内。

三、审判法庭区
1. 小法庭开间不小于7m，中法庭开间不小于10m，大法庭开间不小于20m。
2. 各个法庭均同时联系公共服务区及办公区内法庭办公。

四、羁押区

1. 羁押区相对独立，羁押室设置在地下一层，被羁押人员通过专用楼梯经安全走廊可进入一个中法庭或大法庭，亦或进入各层候审室候审。
2. 羁押区设置专用楼梯。

### 五、办公区

1. 办公区分设法庭办公及立案办公。两个部门办公均设置独立对外出入口，法庭办公在建筑南面设置独立出入口，立案办公在建筑东面设置独立出入口。
2. 证人室靠近公共服务区设置，各层分两处设置，两处证人室之间间距大于35m。

### 其他：

1. 本设计应符合国家现行规范、标准及规定。
2. 层高：一、二层层高均为5.4m，二层大法庭层高7m，建筑室内外高差150mm。
3. 结构：钢筋混凝土框架结构。
4. 采光通风：除法庭、调解室、羁押区、证据存放、立案大厅、立案服务柜台外，其余房间均有天然采光和自然通风。
5. 还应考虑建筑形式，以彰显法院的威严性。

### 制图要求：

#### 一、总平面图

1. 绘制建筑物屋顶平面图，并标注室内外地面相对标高。
2. 绘制机动车道、人行道、小型机动车停车位（标注数量）、非机动车停车场（标注面积）、人员集散广场（标注面积）及绿化。
3. 绘制建筑物主出入口、立案出入口、办公出入口及立案办公出入口。

#### 二、平面图

1. 绘制一、二层平面图，表示出柱、墙体（双线或单粗线）、门（表示开启方向）。窗、卫生洁具可不表示。
2. 标注建筑轴线尺寸、总尺寸，标注室内楼、地面及室外地面相对标高。
3. 标注房间或空间名称；标注带*号房间及空间（见表一、表二）的面积，允许误差±10%以内。
4. 填写一、二层建筑面积，允许误差在规定面积的±5%以内，房间及各层建筑面积均以轴线计算。

## 表一：一层用房、面积及要求

| 功能区 | 房间及空间名称 | | 建筑面积（m²） | 数量 | 备注 |
|---|---|---|---|---|---|
| 公共服务区 | *服务大厅 | | 497 | 1 | 含两台电梯及一部楼梯直通二层公共服务区；含咨询处25m²，保安室25m² |
| | 调解室-1 | | 25 | 2 | 每间25m² |
| | 调解室-2 | | 18 | 4 | 每间18m² |
| | 律师休息室 | | 25 | 5 | 每间25m² |
| | 旁听群众休息室 | | 49 | 1 | |
| | 卫生间 | | 49 | 1 | 男卫、女卫各24.5m²，均含无障碍厕位 |
| 立案区 | *立案门厅 | | 49 | 1 | |
| | *立案大厅 | | 147 | 1 | 含排队等候区域49m² |
| | 诉讼费收费室 | | 25 | 1 | |
| | 法警值班室 | | 25 | 1 | |
| | 立案服务柜台 | | 49 | 1 | 柜台长度不小于14m |
| | 卫生间 | | 25 | 1 | 男卫、女卫各12.5m²，均含无障碍厕位 |
| | *立案调解 | 立案调解室 | 18 | 2 | 每间18m² |
| | | 证据交换室 | 18 | 1 | |
| | | 院长接待室 | 18 | 1 | |
| 审判法庭区 | *中法庭 | | 147 | 2 | 每间147m² |
| | *小法庭 | | 84 | 3 | 每间84m² |
| 羁押区 | *候审室 | | 35 | 1 | |
| | *羁押室 | | 18 | 1 | 含独立卫生间 |
| 办公区 | 法庭办公 | 法庭办公门厅 | 25 | 1 | |
| | | 值班室 | 18 | 1 | |
| | | 接待室 | 18 | 1 | |
| | | 更衣室 | 18 | 2 | 每间18m² |
| | | 证人室 | 18 | 4 | 每间18m² |
| | | 小法庭合议室 | 18 | 3 | 每间18m² |
| | | 小法庭法官休息 | 18 | 3 | 每间18m² |

续表

| 功能区 | 房间及空间名称 | | 建筑面积（m²） | 数量 | 备注 |
|---|---|---|---|---|---|
| 办公区 | 法庭办公 | 中法庭合议室 | 35 | 2 | 每间35m² |
| | | 中法庭法官休息 | 18 | 2 | 每间18m² |
| | | 会议室 | 35 | 1 | |
| | | 办公室 | 18 | 2 | 每间18m² |
| | | 资料室 | 35 | 1 | |
| | | 证据存放 | 25 | 1 | |
| | | 卫生间 | 35 | 1 | 男卫、女卫各17.5m² |
| | 立案办公 | 立案办公门厅 | 25 | 1 | |
| | | 值班室 | 18 | 1 | |
| | | 更衣室 | 18 | 2 | 每间18m² |
| | | 办公室 | 18 | 3 | 每间18m² |
| | | 会议室 | 18 | 1 | |
| | | 卫生间 | 18 | 1 | 男卫、女卫各9m² |
| 其他 | 交通面积（走道、楼梯等）约456m² | | | | |
| 一层建筑面积 3038m²（允许±5%） | | | | | |

## 表二：二层用房、面积及要求

| 功能区 | 房间及空间名称 | 建筑面积（m²） | 数量 | 备注 |
|---|---|---|---|---|
| 公共服务区 | *服务大厅 | 273 | 1 | 含两台电梯及一部楼梯 |
| | 调解室-1 | 25 | 2 | 每间25m² |
| | 调解室-2 | 18 | 4 | 每间18m² |
| | 律师休息室 | 25 | 9 | 每间25m² |
| | 旁听群众休息室 | 49 | 1 | |
| | 媒体室 | 49 | 1 | |
| | 抢救室 | 18 | 1 | |
| | 卫生间 | 49 | 1 | 男卫、女卫各24.5m²，均含无障碍厕位 |
| 审判法庭区 | *大法庭 | 441 | 1 | |
| | *小法庭 | 84 | 6 | 每间84m² |

续表

| 功能区 | 房间及空间名称 | | 建筑面积（m²） | 数量 | 备注 |
|---|---|---|---|---|---|
| 羁押区 | *候审室 | | 35 | 1 | |
| | *安全走廊 | | 49 | 1 | 含一部羁押区专用楼梯 |
| 办公区 | 法庭办公 | 证人室 | 18 | 4 | 每间18m² |
| | | 小法庭合议室 | 18 | 6 | 每间18m² |
| | | 小法庭法官休息 | 18 | 6 | 每间18m² |
| | | 大法庭合议室 | 35 | 1 | |
| | | 大法庭法官休息 | 18 | 1 | |
| | | 会议室 | 35 | 2 | 每间35m² |
| | | 办公室 | 18 | 10 | 每间18m² |
| | | 资料室 | 35 | 1 | |
| | | 复印室 | 18 | 1 | |
| | | 证据存放 | 25 | 1 | |
| | | 卫生间 | 35 | 1 | 男卫、女卫各17.5m² |
| 其他 | 交通面积（走道、楼梯等）约520m² | | | | |
| 二层建筑面积 3038m²（允许±5%） | | | | | |

**电梯**　　　　**6m×3m 小型汽车车位**

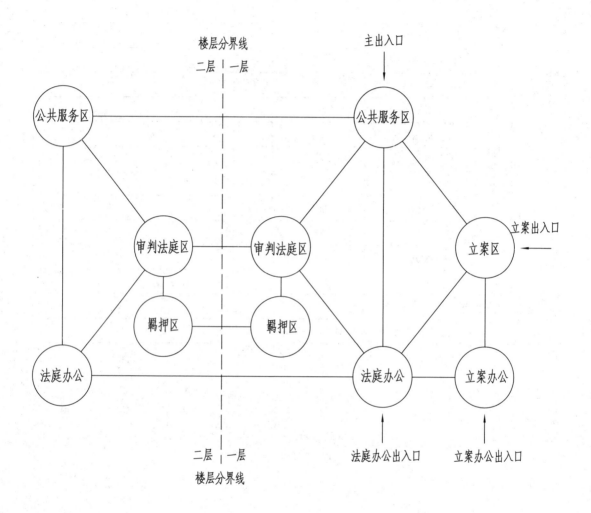

**一、二层主要功能关系示意图**

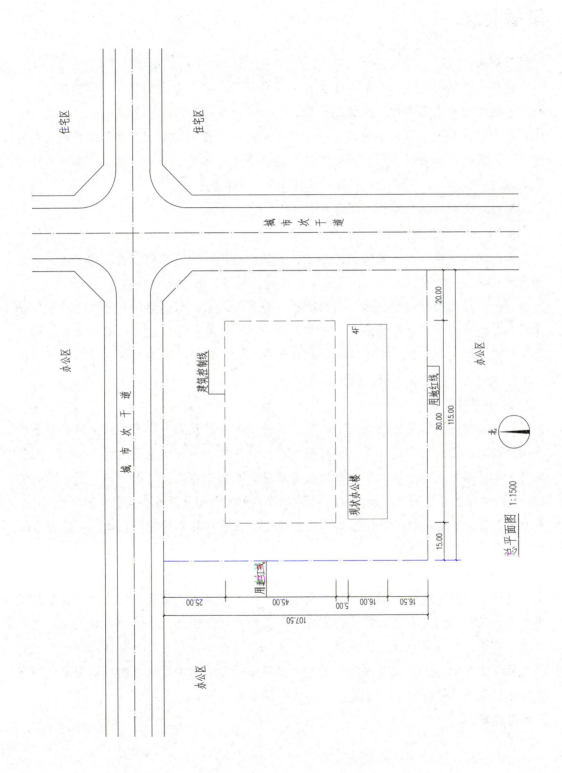

## 解题要点

1. 题目解析：

这是一道以内院式、外中内相遇、中区多并联为主要考点的题目，功能是法院，题目也明确要考虑形式和空间的威严性，暗示可能建筑要采用对称式布局。该题目大的布局形式就是上中下外中内的图书馆式布局，中区多个法庭的并联就像博物馆的陈列厅，内区的办公采用公交客运枢纽站的内院式办公格局。可以说这是一道糅合了多年真题的一道题目，同学们可以仔细地体会一下其中的细节。

解题过程中，我们需要关注的三个点：

（1）设计三原则：

维特鲁威说建筑设计要遵循"坚固、实用、美观"的三原则，我国的建筑方针是要秉承"适用、经济、美观"，适用针对功能，经济说的是造价，美观指的则是形式。很多同学在应试的时候往往过于追求面积、分区和联系，而忽略了自己是在设计一栋建筑，但建筑方案设计质量的好坏通常评判的三个维度就是功能、经济和形式。形式是不可或缺的一环，甚至有时候从形式这一维度切入设计反而更简单，这个题目就是一个鲜活的例子。对称处理，简单粗暴。

（2）羁押流线：

羁押流线是这道题目的难点，主要原因是不太容易找到与之对称的房间，位置也不太好确定，左边、右边和后边仿佛都可以。这基本上是方案作图的特点，每个题目总有一条复杂的流线干扰大局，处理起来难度系数也比较高，花时间多不说，收获还少。羁押的位置在后面要么会干扰办公的动线，要么会使大法庭提前，空间不好处理；羁押在右边会影响一层办公联系立案的流线。所以最终答案是放在左边，右边的 36m² 的证据存放与之对称布置。

（3）简化设计：

设计的过程可能是复杂的，但呈现出来的成果必须要是简洁的。这个题目虽然规模略微大了点，但其实可设计的内容并不多。除羁押流线外，二层的基本上就是左右对称的布局，左边部分百分百对位下去就是一层的布局，那我们只需要再设计个相对独立的立案区就可以了。通过复杂的设计过程呈现简洁的方案，给使用者带来简洁高效的建筑是设计师的本身职责所在，方案作图考试也一样。

2. 参考答案：

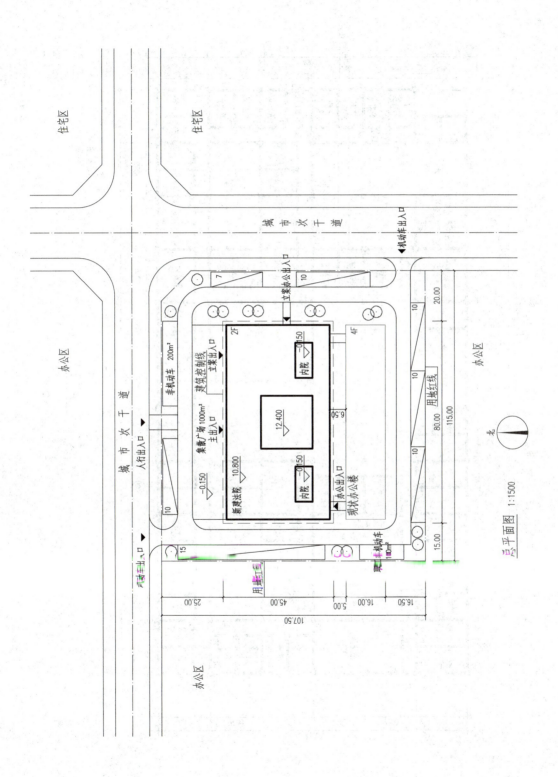

总平面图 1:1500

146 | 强化难度

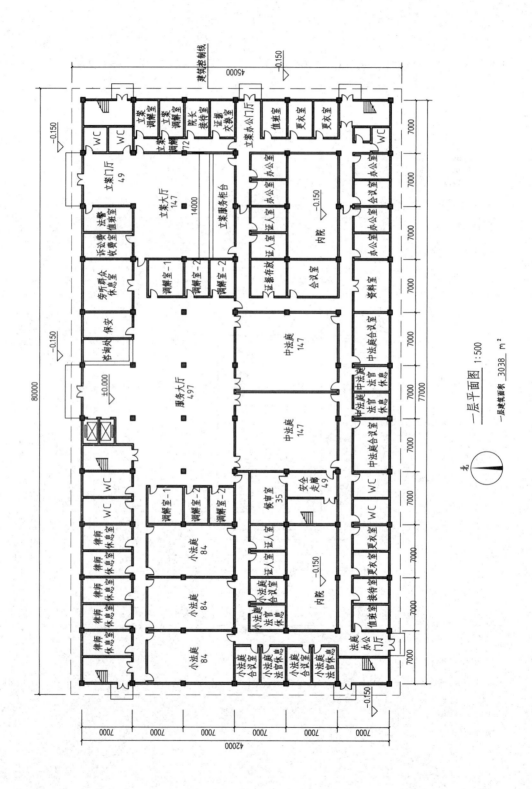

一层平面图 1:500
一层建筑面积 3038 m²

3. 立体模型：

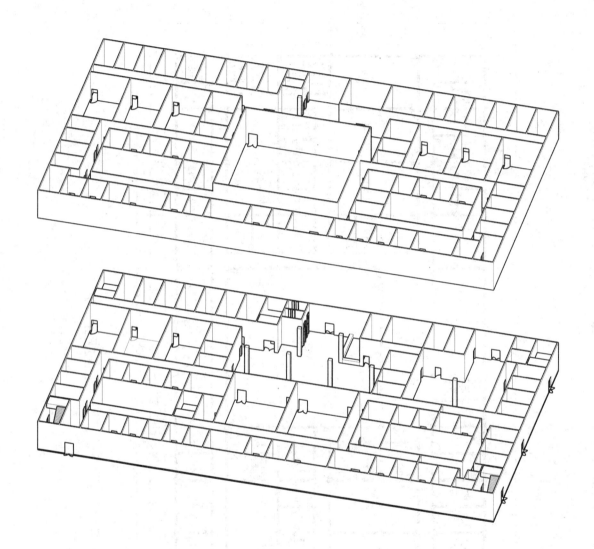

4. 复盘总结：

# 3-4 市民服务中心方案设计

**任务描述：**
　　在我国北方某城市设计市民服务中心一座。服务中心为三层建筑，包括房管局、税务、公安服务、招标办、行政审批、企业设立等服务部门，方便市民综合办理业务，缩短审批时间，提高工作效率（三层平面及相关设备设施不作考虑和表达）。一、二层建筑面积合计约为 7200m$^2$。

**用地条件：**
　　基地位于某经济产业园区内，西侧与北侧为园区道路，南侧、东侧邻办公区。用地红线、建筑控制线详见总平面图。

**总平面设计要求：**
　　在用地红线范围内合理布置基地各出入口、广场、道路、停车场和绿地，在建筑控制线内布置建筑物（雨篷、台阶允许突出建筑控制线）。
1. 基地设置两个机动车出入口，分别开向两条园区道路。
2. 基地内布置市民小型机动车停车位 30 个，300m$^2$ 非机动车停车场一处。职工小型机动车停车位 25 个，职工非机动车停车场 100m$^2$。
3. 建筑主出入口设在西面，次出入口设在北面，基地西北角布置一个不小于 2000m$^2$ 的人员集散广场，其他出入口根据功能要求设置。

**建筑设计要求：**
　　市民服务中心主要由服务区、市民办事区、办公区组成。要求各区应分区明确、流线合理。各功能房间面积及要求详见表一、表二，功能关系见示意图。

一、服务区
1. 主入口门厅与服务区各房间联系方便，并设服务台一处。
2. 主入口门厅内设自动扶梯两台直通二层市民办事区。
3. 次入口门厅设两台电梯和楼梯与二层市民办事区联系，并与主入口门厅连通。
4. 24h 无人审批超市在西面设置独立对外出入口，并向次入口门厅开门。
5. 银行办公区设置独立对外出入口，市民可从主、次出入口门厅进入自助银行。
6. 办公区工作人员可由办公区直接进入照相等候厅。

二、市民办事区

1. 公安人口服务位置相对独立；且除公安人口服务办事柜台外，其他办事柜台应与办公区联系。
2. 柜台前排队等候区域进深不小于 4m。
3. 二层咖啡厅可看到主入口广场。

### 三、办公区

1. 办公区设置独立出入口。
2. 办公区各部门办公相对独立，共用卫生间和休息区。
3. 办公人员自办公区可经由服务柜台进入市民办事区，亦可直接进入市民办事区。
4. 信访室在南面设置独立对外出入口。
5. 二层柜台办公应向服务柜台及办公区直接开门。

## 其他：

1. 本设计应符合国家现行规范、标准及规定。
2. 层高：一、二层层高均为 4.5m，建筑室内外高差 150mm。
3. 结构：钢筋混凝土框架结构。
4. 采光通风：表一、表二"采光通风"栏内标注 # 号的房间，要求有天然采光和自然通风。

## 制图要求：

### 一、总平面图

1. 绘制建筑物首层轮廓图，并标注室内外地面相对标高。
2. 绘制机动车道、人行道、小型机动车停车位（标注数量）、非机动车停车场（标注面积）、人员集散广场（标注面积）及绿化。
3. 绘制建筑物主出入口、次出入口、24h 无人审批超市出入口、银行办公出入口、信访出入口及办公出入口。

### 二、平面图

1. 绘制一、二层平面图，表示出柱、墙体（双线或单粗线）、门（表示开启方向）。窗、卫生洁具可不表示。
2. 标注建筑轴线尺寸、总尺寸，标注室内楼、地面及室外地面相对标高。
3. 标注房间或空间名称；标注带 * 号房间及空间（见表一、表二）的面积，允许误差 ±10% 以内。
4. 填写一、二层建筑面积，允许误差在规定面积的 ±5% 以内，房间及各层建筑面积均以轴线计算。

**表一：一层用房、面积及要求**

| 功能区 | 房间及空间名称 | | 建筑面积（m²） | 数量 | 通风采光 | 备注 |
|---|---|---|---|---|---|---|
| 服务区 | * 主入口门厅 | | 704 | 1 | # | 局部二层通高，467m²；含两台自动扶梯直通二层休息大厅；含64m²吧台一处 |
| | 服务台 | | 56 | 1 | | |
| | 保安室 | | 32 | 1 | # | |
| | 问询室 | | 32 | 1 | # | |
| | 接待室 | | 32 | 2 | # | 每间32m² |
| | 洽谈室 | | 32 | 1 | # | |
| | 消防控制室 | | 48 | 1 | # | |
| | * 次入口门厅 | | 120 | 1 | # | 含两台电梯及楼梯 |
| | 24h无人审批超市 | | 96 | 1 | # | |
| | 银行 | 银行服务窗口 | 32 | 1 | | 与主入口门厅联系 |
| | | 自助银行 | 32 | 1 | | 含12m²加钞室，且加钞室与银行办公联系 |
| | | 银行办公区 | 104 | 1 | # | |
| | 照相 | 等候厅 | 48 | 1 | | |
| | | 拍照室1 | 15 | 2 | | 每间15m² |
| | | 拍照室2 | 13 | 3 | | 每间13m² |
| 市民办事区 | * 休息大厅 | | 720 | 1 | | 含排队等候区域不小于368m² |
| | * 税务服务柜台 | | 128 | 1 | | 柜台长度不小于32m |
| | * 房管局、不动产服务柜台 | | 240 | 1 | | 柜台长度不小于56m |
| | * 公安人口服务 | | 128 | 1 | | 含服务柜台64m²及排队等候区域64m²，柜台长度不小于16m |
| | 卫生间 | | 84 | 1 | | 男卫、女卫各32m²，母婴室10m²，无障碍卫生间10m² |

续表

| 功能区 | 房间及空间名称 | | 建筑面积（m²） | 数量 | 通风采光 | 备注 |
|---|---|---|---|---|---|---|
| 办公区 | 办公门厅 | | 104 | 1 | # | 含两台电梯及一部楼梯 |
| | 值班室 | | 18 | 1 | # | |
| | 卫生间 | | 48 | 1 | # | 男卫、女卫各24m² |
| | 税务办公 | 更衣室 | 24 | 2 | # | 每间24m² |
| | | 资料室 | 24 | 1 | # | |
| | | 档案室 | 24 | 1 | # | |
| | | 税务办公室 | 48 | 2 | # | 每间48m² |
| | 房管局、不动产办公 | 更衣室 | 24 | 2 | # | 每间24m² |
| | | 资料室 | 24 | 1 | # | |
| | | 档案室 | 24 | 1 | # | |
| | | 不动产办公室 | 48 | 3 | # | 每间48m² |
| | | 房管局办公室 | 48 | 2 | # | 每间48m² |
| | 信访室 | | 30 | 1 | # | |
| 其他 | 交通面积（走道、楼梯等）约343m² | | | | | |
| | 一层建筑面积 3840m²（允许±5%：3648~4032m²） | | | | | |

### 表二：二层用房、面积及要求

| 功能区 | 房间及空间名称 | | 建筑面积（m²） | 数量 | 通风采光 | 备注 |
|---|---|---|---|---|---|---|
| 市民办事区 | *休息大厅 | | 928 | 1 | | 局部二层通高,339m²；含两台自动扶梯直通三层；含排队等候区域不小于224m² |
| | *企业设立服务柜台 | | 128 | 1 | | 柜台长度不小于32m |
| | *行政审批服务柜台 | | 96 | 1 | | 柜台长度不小于24m |
| | *招标投标 | 开标室 | 40 | 1 | # | 与评标室及休息大厅联系紧密 |
| | | 评标室 | 64 | 1 | # | |

续表

| 功能区 | | 房间及空间名称 | 建筑面积（m²） | 数量 | 通风采光 | 备注 |
|---|---|---|---|---|---|---|
| 市民办事区 | *招标投标 | 接待室 | 32 | 1 | # | 与评标室、等候室及休息大厅联系紧密 |
| | | 等候室 | 32 | 1 | # | |
| | 咖啡厅 | | 256 | 1 | # | 可开敞布置，含吧台32m² |
| | *8890便民服务专线 | | 156 | 1 | # | 含休息室40m²，资料室20m² |
| | 管理室 | | 32 | 1 | # | |
| | 打印室 | | 32 | 1 | # | |
| | 洽谈室 | | 64 | 1 | # | |
| | 卫生间 | | 84 | 1 | | 男卫、女卫各32m²，母婴室10m²，无障碍卫生间10m² |
| 办公区 | 休息区 | | 104 | 1 | # | |
| | 卫生间 | | 48 | 1 | # | 男卫、女卫各24m² |
| | 企业设立办公 | 企业设立服务柜台办公 | 12 | 7 | | 每间12m² |
| | | 更衣室 | 12 | 2 | # | 每间12m² |
| | | 市场监管局 | 12 | 3 | # | 每间12m² |
| | | 法规科 | 12 | 1 | # | |
| | | 公安 | 12 | 2 | # | 每间12m² |
| | 行政审批服务办公 | 行政审批服务柜台办公 | 16 | 5 | | 每间16m² |
| | | 更衣室 | 24 | 2 | # | 每间24m² |
| | | 消防 | 48 | 1 | # | |
| | | 国土 | 30 | 1 | # | |
| | | 规划 | 48 | 1 | # | |
| | | 建委 | 48 | 1 | # | |
| | | 税务 | 48 | 1 | # | |
| | | 会议室 | 48 | 1 | # | |
| 其他 | 交通面积（走道、楼梯等）约654m² | | | | | |
| | 二层建筑面积　3328m²（允许±5%：3161～3494m²） | | | | | |

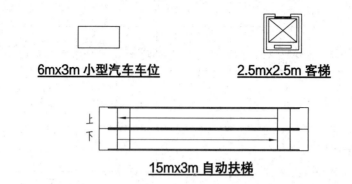

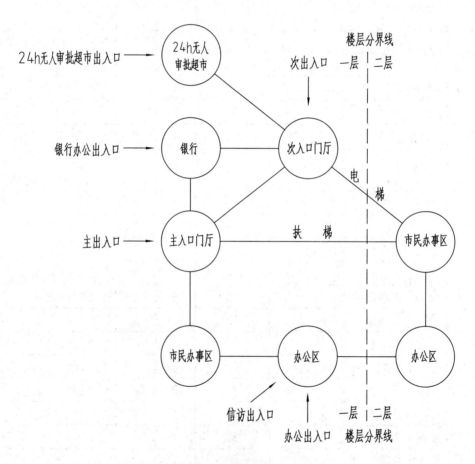

**一、二层主要功能关系示意图**

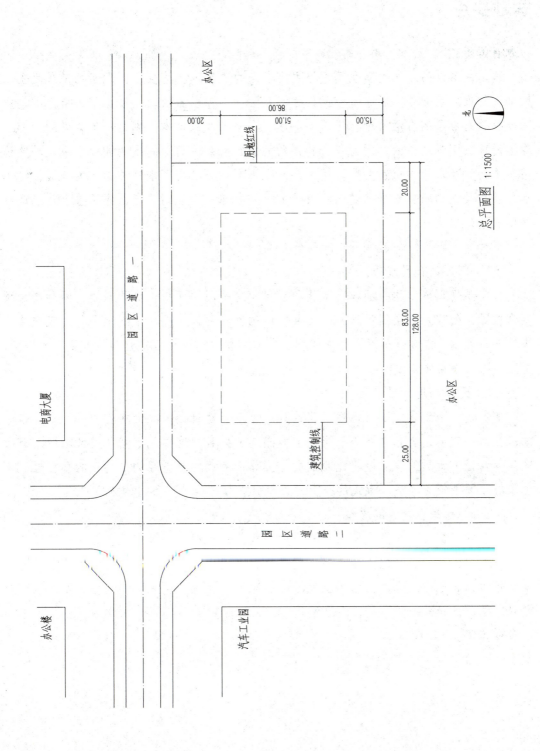

## 解题要点

1. 题目解析：

这是一道以门厅和共享空间作为主要考点的题目，就是在2-4题目的基础之上，增加了一难度系数较大的子母空间门厅，然后一、二、三层之间设置了一个大共享空间以及联系各层的自动扶梯。门厅、共享、上下层联系基本上都是每年必考的内容，看似简单其实难度很大，因为包含和涉及的内容太多。门厅的形状和大小决定功能适用与否，共享形状和位置决定空间形态，上下层联系决定了垂直方向上的分流，再加上需要和其他房间、水平交通、防火疏散一并考虑，综合到一起就成了整个建筑最难处理的分区。

通过这个题目，分享一下我的三个心得：

(1) 门厅区布置技巧：

首先要规划好门厅的面积、形状和位置，这是门厅区最核心的空间，同时要兼顾共享位置，处理好一层门厅和二层公共空间的互动关系。然后组织水平和垂直交通，也就是布置半跨或满跨走廊，布置楼梯、电梯和扶梯。再然后布置其他有要求的房间、卫生间等。最后才是没有要求、可有可无的房间。

(2) 适当构思三层布局：

建筑是一个整体，题目已经说明这是一个三层建筑，当我们在规划一、二层布局的时候，一定要适当构思一下三层的大概布局。并且，这并不会增加设计难度，有时候反而会让设计更简单。就好比我们的方案作图考试主要考察的是功能的合理性，但如果能兼顾造价的经济、形式的美观，反而会更容易推导出不错的方案。

(3) 想想每个题目的原型：

每个题目都可以被高度概括抽象成一个极简的模型，同时有很多题目的原型其实都是一样的，只不过是这个原型在不同基地、不同功能上的具体演绎而已。如果能搞清楚原型，大思路、大方向基本上就没有问题了，差也不会差到哪儿去。可以从这个题目入手，试着画画每个题目的原型。

2. 参考答案：

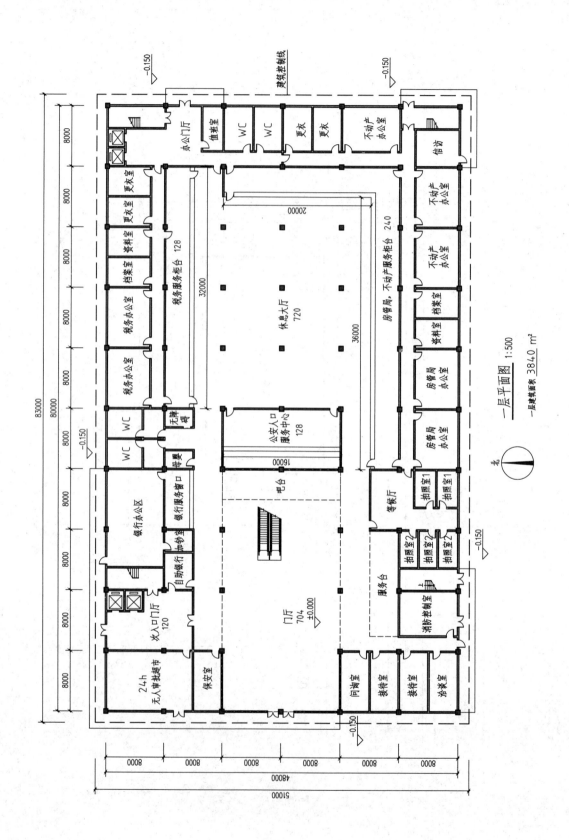

强化难度 | 159

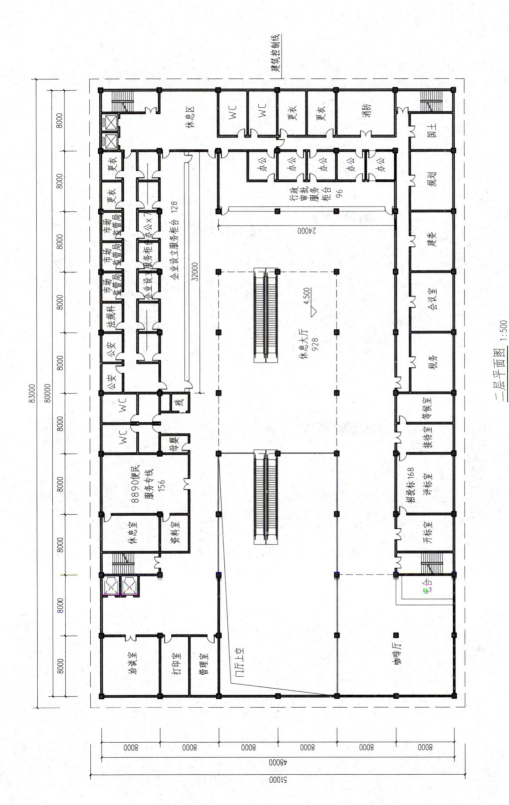

3. 立体模型：

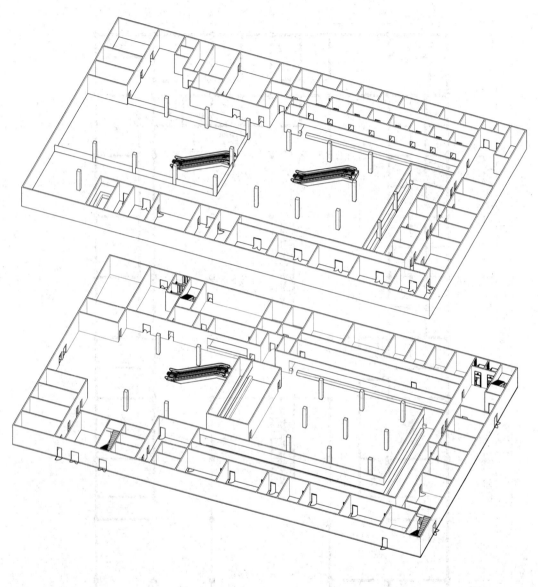

4. 复盘总结：

# 3-5 市民健身中心方案设计

## 任务描述：

在我国北方某城市拟建市民健身中心一座。健身中心为二层建筑，包括游泳馆、羽毛球、篮球、乒乓球等球类场馆，瑜伽、体操、器械力量及其他功能用房。按照下列要求绘制总平面图和一、二层平面图。一、二层建筑面积合计约为 7900$m^2$。

## 用地条件：

基地西侧与南侧为城市次干道，东侧邻住宅区，北侧邻商业区。用地红线、建筑控制线详见总平面图。

## 总平面设计要求：

在用地红线范围内合理布置基地各出入口、广场、道路、停车场和绿地，在建筑控制线内布置建筑物（雨篷、台阶允许突出建筑控制线）。

1. 基地设置两个机动车出入口，分别开向两条城市次干道。
2. 新建建筑与保留大树树冠的间距需 ≥ 5m。
3. 基地内布置市民小型机动车停车位 30 个，300$m^2$ 非机动车停车场一处。职工小型机动车停车位 10 个，职工非机动车停车场 50$m^2$。
4. 建筑主出入口设在南面，基地西南侧设一个面积不小于 2500$m^2$ 的市民广场（L 形转角），连接主出入口及游泳区出入口。办公入口设在东面，其他出入口根据功能要求设置。

## 建筑设计要求：

市民健身中心主要由公共区、游泳区、活动区和办公区组成。要求各区之间应分区明确、流线清晰。各功能房间面积及要求详见表一、表二，功能关系见示意图。

### 一、公共区

1. 公共区结合主出入口布置，与活动区、游泳区联系方便，设置两部电梯可直接上至二楼休息区。
2. 公共区商店兼对外营业。
3. 全民体质检测中心可独立对外使用，并与医务室联系。

### 二、游泳区

1. 游泳区相对独立，设置独立的出入口，并与公共区联系。

2. 游泳区工作人员可通过门厅进入游泳馆，救护室应同时向游泳馆及服务用房区开门。
3. 游泳者经更衣后，通过浸脚消毒后进入游泳馆。
4. 游泳馆内设置6条25m泳道的泳池，单条泳道宽度2.5m，且泳池距离墙面距离≥3m。

### 三、活动区

活动区内各活动室、场馆前走道宽度≥4m，兼休息使用。

### 四、办公区

1. 办公区设置独立出入口，并与公共区联系。
2. 分拣室设独立出入口。货物从室外进入分拣室之后，通过分拣室进入各层库房，再进入活动区。

## 其他：

1. 本设计应符合国家现行规范、标准及规定。
2. 层高：游泳馆层高9.0m，篮球馆、羽毛球馆层高均为8.4m，其他区域一、二层层高均为4.5m，建筑室内外高差150mm。
3. 结构：钢筋混凝土框架结构。
4. 采光通风：表一、表二"采光通风"栏内标注#号的房间，要求有天然采光和自然通风。

## 制图要求：

### 一、总平面图

1. 绘制建筑物屋顶轮廓，并标注室内外地面相对标高。
2. 绘制机动车道、人行道、小型机动车停车位（标注数量）、非机动车停车场（标注面积）、市民广场及绿化。
3. 绘制建筑物各出入口。

### 二、平面图

1. 绘制一、二层平面图，表示出柱、墙体（双线或单粗线）、门（表示开启方向）。窗、卫生洁具可不表示。
2. 标注建筑轴线尺寸、总尺寸，标注室内楼、地面及室外地面相对标高。
3. 标注房间或空间名称；标注带*号房间及空间（见表一、表二）的面积，允许误差±10%以内。
4. 填写一、二层建筑面积，允许误差在规定面积的±5%以内，房间及各层建筑面积均以轴线计算。

## 表一：一层用房、面积及要求

| 功能区 | 房间及空间名称 | | 建筑面积（m²） | 数量 | 通风采光 | 备注 |
|---|---|---|---|---|---|---|
| 公共区 | *入口大厅 | | 512 | 1 | # | 含一部楼梯，两台电梯；局部二层通高，128m²；含长度≥10m的服务台 |
| | 商店 | | 160 | 1 | # | |
| | 值班 | | 24 | 1 | # | |
| | 接待 | | 24 | 2 | # | 每间24m² |
| | 医务室 | | 24 | 1 | # | |
| | *全民体质检测中心 | | 192 | 1 | # | 含2间检查室，每间24m² |
| 游泳区 | 服务用房 | 门厅 | 64 | 1 | # | |
| | | 管理室 | 24 | 1 | # | |
| | | 救护室 | 24 | 1 | # | |
| | | 售品室 | 32 | 1 | | 含16m²库房 |
| | | 卫生间 | 32 | 1 | | 男卫、女卫各16m² |
| | 男更衣室 | 更衣 | 25 | 1 | | |
| | | 淋浴12个 | 19 | 1 | | |
| | | 卫生间 | 5 | 1 | | |
| | | 浸脚消毒池及其他 | 15 | 1 | | |
| | 女更衣室 | 更衣 | 25 | 1 | | |
| | | 淋浴12个 | 19 | 1 | | |
| | | 卫生间 | 5 | 1 | | |
| | | 浸脚消毒池及其他 | 15 | 1 | | |
| | *游泳馆 | | 768 | 1 | # | 含90m²热身休息处 |
| 活动区 | *器械力量室 | | 384 | 1 | # | |
| | *瑜伽室 | | 320 | 1 | # | |
| | *体操室 | | 320 | 1 | # | |
| | 男更衣淋浴 | | 64 | 1 | | 更衣室、淋浴室各32m² |
| | 女更衣淋浴 | | 48 | 1 | | 更衣室、淋浴室各24m² |
| | 卫生间 | | 64 | 1 | # | 男卫、女卫各32m²，均含无障碍厕位 |

续表

| 功能区 | 房间及空间名称 | | 建筑面积（m²） | 数量 | 通风采光 | 备注 |
|---|---|---|---|---|---|---|
| 办公区 | 办公门厅 | | 40 | 1 | # | |
| | 值班室 | | 32 | 1 | # | |
| | 接待室 | | 32 | 1 | # | |
| | 办公室 | | 48 | 1 | # | |
| | 资料库 | | 36 | 1 | | |
| | 库房 | 分拣室 | 128 | 1 | # | 含货物电梯一部，与办公门厅联系紧密 |
| | | *库房 | 192 | 1 | # | 与器械力量室联系紧密 |
| 其他 | 交通面积（走道、楼梯等）约676m² | | | | | |
| 一层建筑面积 4416m²（允许 ±5%：4195～4637m²） | | | | | | |

## 表二：二层用房、面积及要求

| 功能区 | 房间及空间名称 | 建筑面积（m²） | 数量 | 通风采光 | 备注 |
|---|---|---|---|---|---|
| 休息区 | *休息厅 | 256 | 1 | # | |
| 活动区 | *篮球馆 | 768 | 1 | # | 内含篮球场一个及120m²观众席 |
| | *羽毛球馆 | 640 | 1 | # | 内含羽毛球场地4个 |
| | 台球室 | 288 | 1 | # | |
| | 乒乓球室 | 128 | 2 | # | 每间128m² |
| | 男更衣淋浴 | 64 | 1 | | 更衣室、淋浴室各32m² |
| | 女更衣淋浴 | 48 | 1 | | 更衣室、淋浴室各24m² |
| | 卫生间 | 64 | 1 | # | 男卫、女卫各32m²，均含无障碍厕位 |
| 办公区 | 办公室 | 32 | 3 | # | 每间32m² |
| | 财务室 | 48 | 1 | # | |
| | 会议室 | 64 | 1 | # | |
| | *库房 | 84 | 1 | | |
| 其他 | 交通面积（走道、楼梯等）约844m² | | | | |
| 二层建筑面积 3520m²（允许 ±5%：3344～3696m²） | | | | | |

使用图例：

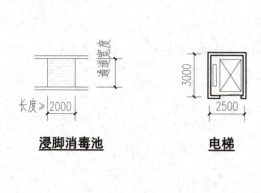

浸脚消毒池　　　电梯

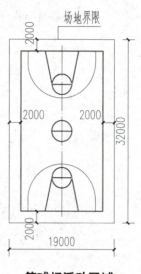

篮球场活动区域

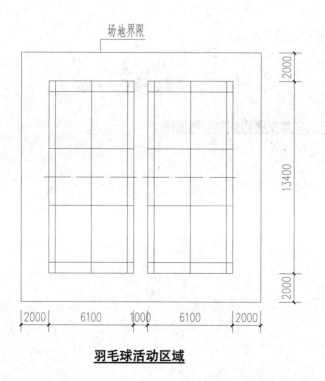

羽毛球活动区域

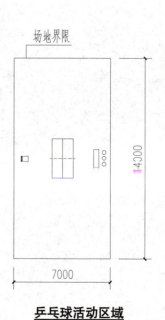

乒乓球活动区域

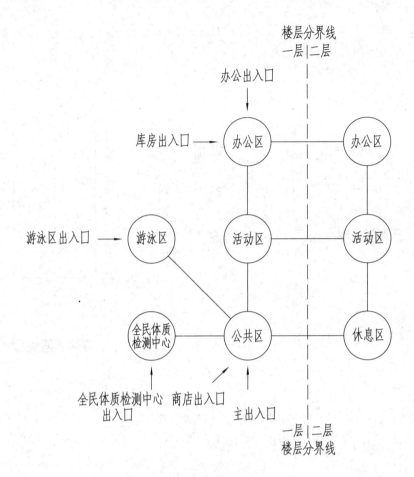

**一、二层主要功能关系示意图**

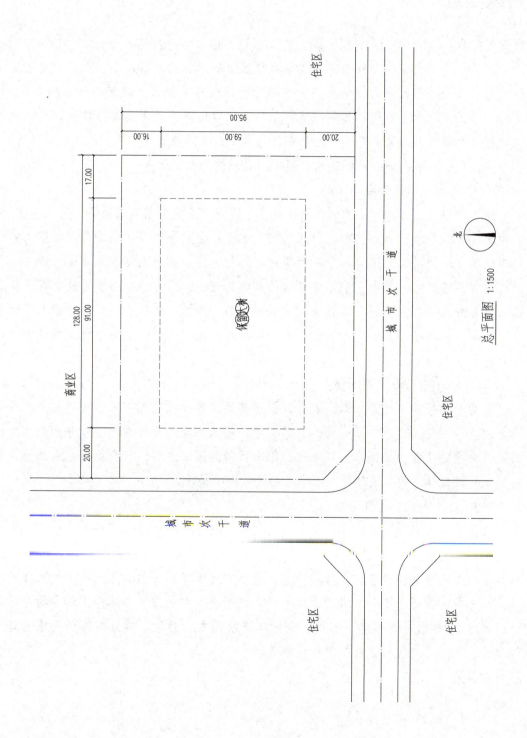

## 解题要点

1. 题目解析：

这是一道以大空间并联为主，主要考核上下层对位的题目，通过保留大树限定内院，环以半跨外部走廊，四周布置主要使用空间的布局模式。建筑中设置两个 4m 的变跨，总图上增加了建筑猜形的难度，平面上又考虑了外部走廊实际功能，还能考察同学在应试框架下的灵活度，是近几年考试题目的共同特点。

通过这个题目，分享一下我对方案作图真题的三个认识：

（1）总图上必然存在分水岭：

相比于现实工作，一注考试要简单太多，就是因为它有明确的边界，很少会出圈。如果建筑的边界也能明确，那么内部房间的布置将会容易很多。但是方案作图作为九门考试最后一道关隘，不会轻易放大家过去，其中的门神级问题就是总图。通常它会给你设置两条路走，其中一条正确但后面也绝非坦途，而另外一条就更是九死一生。这个题目外轮廓相对容易，但是因为变跨的存在，8 格内院不是那么好确定，不过好在有保留大树的暗示。这个题目的分水岭还算相对温和、平缓，后期跳车切换方向较为容易。

（2）平面布局考验基本功：

总图上选择的往往是方向，入口大概在哪里，各分区位置，平面布局就是在这个大方向上的深化。这个阶段考验的就是同学们的基本功，不存在任何水分的硬功夫，对设计原理的掌握、房间布置的考核、组合试错的基本逻辑，以及面对左右两难问题时的果断取舍等，都是设计师应该具备的最基础的能力。

（3）上下对位，协同考虑：

很多同学都喜欢死磕一层，把大多数的时间精力和心思都放在一层，想着是布置好一层再去布置二层。但建筑是一个整体，并且近几年的题目设置强调上下层的互动，所以我们要上下层同步考虑，协同调整。甚至有时候都需要从二层或地下切入展开设计，再考虑一层要求不多的房间才更合理。这个题目中的瑜伽和体操刚好和羽毛球对位，篮球 12 格则是和库房、器械、全民体质检测中心对位。游泳馆部分的泳池肯定是通高，穿越式流线的更衣上面布置的是台球。

2. 参考答案：

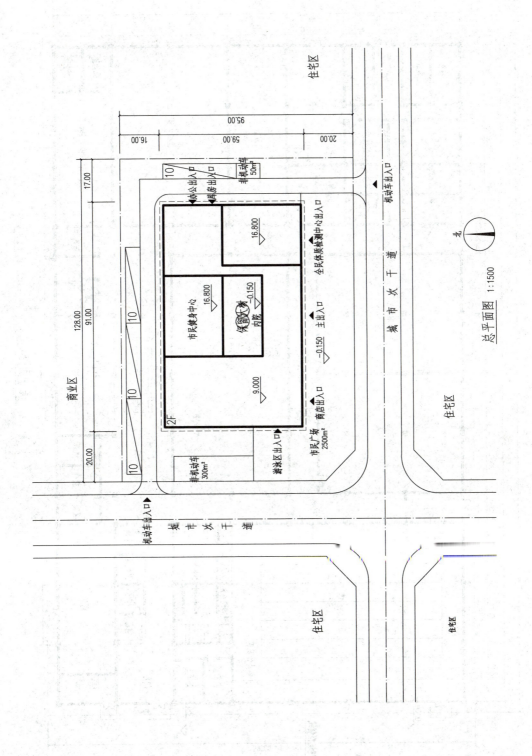

总平面图 1:1500

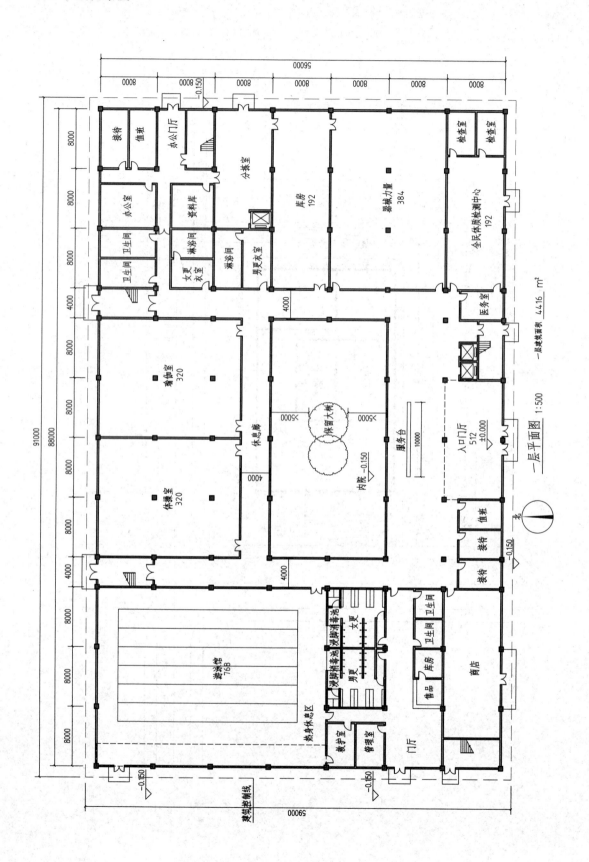

强化难度 | 171

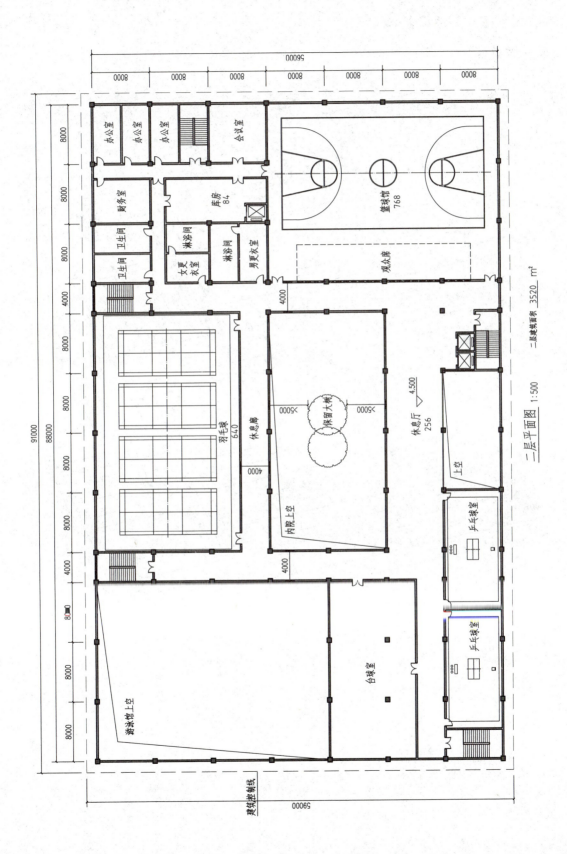

172 | 强化难度

3. 立体模型：

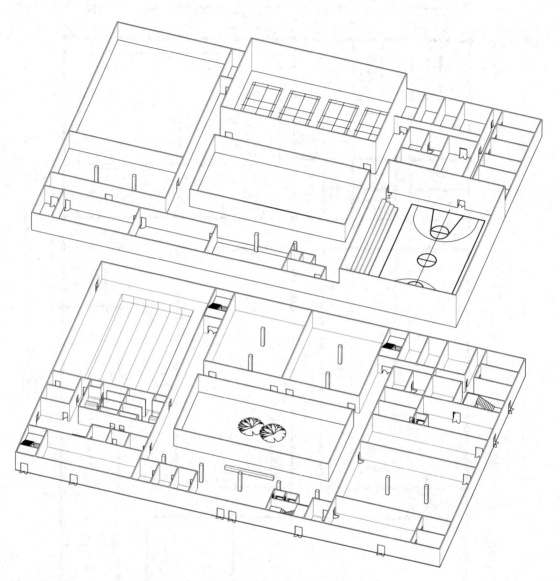

4. 复盘总结：

# 3-6 城市规划展览馆方案设计

**任务描述：**
  在我国南方某省地级市拟建一座 2 层、总建筑面积约为 8300m² 的城市规划展览馆。按下列要求，完成该建筑的方案设计。

**用地条件：**
  基地地势平坦，西侧和南侧均为文化中心广场用地，东侧为城市次干道和湿地公园，北侧为城市次干道和住宅区。用地情况与周边环境详见总平面图。

**总平面设计要求：**
  用地红线范围内合理布置基地各出入口、广场、道路、停车场和绿地，在建筑控制线内布置建筑物（雨篷、台阶允许突出建筑控制线）。
1. 基地设置两个机动车出入口，开向北侧城市次干道；人行出入口一个，开向南侧文化中心广场。
2. 基地内布置小型机动车停车位 40 个，200m² 非机动车停车场一处。
3. 建筑主出入口设在南面，主人流从文化中心广场进入；次出入口设在北面，办公出入口设在东面。基地东南角设一个人员集散广场（L 形转角），广场南北方向进深不小于 25m，东西方向进深不小于 20m，连接主出入口及临时展厅出入口，面积不小于 2000m²。其他出入口根据功能要求设置。
4. 场地内有一保留遗址，新建建筑与保留遗址间距需 ≥ 5m，设置室外展厅展示保留遗址。
5. 布置绿化景观，并沿东侧城市次干道布置 30m 的绿化隔离带。

**建筑设计要求：**
  城市规划展览馆主要由公共服务区、展示区、办公区组成。要求各区之间应分区相对明确、流线清晰。建议平面采用 8m×8m 柱网。各功能房间面积及要求详见表一、表二，功能关系见示意图。

一、公共服务区
1. 观众进入主入口大厅，可通过观众休息厅内的扶梯到达二层，或在次入口大厅乘坐电梯到达二层。
2. 观众休息厅的布置要方便观众看到室外展厅。
3. 团队、专家通过次出入口进入规划展览馆，其休息室邻近次入口大厅布置。

## 二、展示区

1. 各展厅应能独立使用，互不干扰。除临时展厅和室外展厅外，其他展厅及总体模型展示应相对集中布置。
2. 首层临时展厅设置直接对外出入口，室外展厅结合保留遗址布置，两展厅宜相邻布置。
3. 总体模型展示为两层通高的开敞无柱空间，其四周应设置宽度≥4m的参观通道（可兼交通使用）。
4. 4D影院开间、进深均≥10m，且应与办公区联系。

## 三、办公区

1. 办公区设置独立出入口，区内布置专用楼、电梯，方便上下层联系。
2. 办公人员可通过控制室进入临时展厅，通过服务间进入专家、团队休息室。

## 其他：

1. 本设计应符合国家现行规范、标准及规定。
2. 层高：一、二层各层层高为5.4m，主入口大厅局部及总体模型展示通高10.8m，建筑室内外高差150mm。
3. 结构：钢筋混凝土框架结构。
4. 采光通风：除总体模型展示、储藏室、服务间、清洁间、无障碍卫生间外，其余房间均有天然采光和自然通风。

## 制图要求：

### 一、总平面图

1. 绘制建筑物屋顶轮廓，并标注室内外地面相对标高。
2. 绘制机动车道、人行道、小型机动车停车位（标注数量）、非机动车停车场（标注面积）、人员集散广场（标注进深和面积）及绿化。
3. 标注建筑物各出入口。

### 二、平面图

1. 绘制一、二层平面图，表示出柱、墙体（双线或单粗线）、门（表示开启方向）。窗、卫生洁具可不表示。
2. 标注建筑轴线尺寸、总尺寸，标注室内楼、地面及室外地面相对标高。
3. 标注房间或空间名称；标注带*号房间及空间（见表一、表二）的面积，允许误差±10%以内。

4. 填写一、二层建筑面积，允许误差在规定面积的 ±5% 以内，房间及各层建筑面积均以轴线计算。

## 表一：一层用房、面积及要求

| 功能区 | 房间及空间名称 | 建筑面积（m²） | 数量 | 备注 |
|---|---|---|---|---|
| 公共服务区 | * 主入口大厅 | 288 | 1 | 局部二层通高，约192m² |
| | 接待服务 | 64 | 1 | 其中接待服务柜台及接待办公各32m²，靠近主入口大厅布置 |
| | 次入口大厅 | 256 | 1 | 含2台客货梯，一部楼梯，通向二层展示区 |
| | 纪念品商店 | 64 | 1 | |
| | * 观众休息厅 | 288 | 1 | 含两部自动扶梯 |
| | 专家、团队休息室 | 240 | 1 | 含服务间和卫生间24m² |
| | 卫生间 | 40 | 1处 | 男、女各20m²（均含无障碍厕位） |
| 展示区 | * 总体模型展示 | 768 | 1 | 二层通高 |
| | * 历史长廊展厅 | 320 | 1 | |
| | * 总体规划展厅 | 288 | 1 | |
| | * 重点片区展厅 | 240 | 1 | |
| | * 交通规划展厅 | 240 | 1 | |
| | * 临时展厅 | 344 | 1 | 含控制室24m² |
| | 卫生间1 | 54 | 1处 | 其中男、女各15m²，母婴室12m²，清洁间和无障碍卫生间各6m² |
| | 卫生间2 | 40 | 1处 | 男、女各20m²，均含无障碍厕位 |
| 办公区 | 门厅 | 80 | 1 | 含1台客梯 |
| | 值班室 | 32 | 1 | |
| | 储藏室 | 24 | 1 | |
| | 卫生间 | 40 | 1处 | 男、女各20m²，均含无障碍厕位 |
| 其他 | 交通面积（走道、楼梯等）约898m² | | | |
| | 一层建筑面积　4608m²（允许 ±5%） | | | |

**表二：二层用房、面积及要求**

| 功能区 | 房间及空间名称 | 建筑面积（$m^2$） | 数量 | 备注 |
|---|---|---|---|---|
| 公共服务区 | *观众休息厅 | 288 | 1 | 含两部自动扶梯 |
| 展示区 | *郊县风貌展厅 | 160 | 2 | 每间160$m^2$ |
| | *市区风貌展厅 | 144 | 2 | 每间144$m^2$ |
| | *历史风貌保护展厅 | 240 | 1 | |
| | *风景旅游展厅 | 240 | 1 | |
| | 公共互动参与厅 | 192 | 1 | |
| | *4D影院 | 168 | 1 | |
| | 咖啡厅 | 128 | 1 | 含吧台制作间32$m^2$ |
| | 卫生间1 | 54 | 1处 | 其中男、女各15$m^2$，母婴室12$m^2$，清洁间和无障碍卫生间各6$m^2$ |
| | 卫生间2 | 40 | 2处 | 每处40$m^2$，男、女各20$m^2$，均含无障碍厕位，两处厕所之间间距大于80m |
| 办公区 | 办公室 | 32 | 4 | 每间32$m^2$ |
| | 会议室 | 64 | 1 | |
| | 资料室 | 44 | 1 | |
| | 展品修补 | 48 | 3 | 每间48$m^2$ |
| | 卫生间 | 40 | 1处 | 男、女各20$m^2$，均含无障碍厕位 |
| 其他 | 交通面积（走道、楼梯等）约1230$m^2$ | | | |
| | 二层建筑面积 3648$m^2$（允许±5%） | | | |

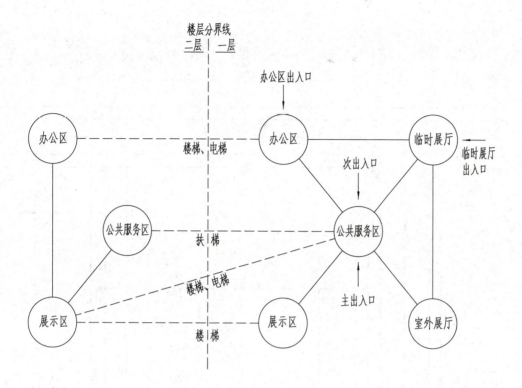

**一、二层主要功能关系示意图**

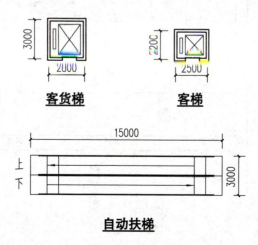

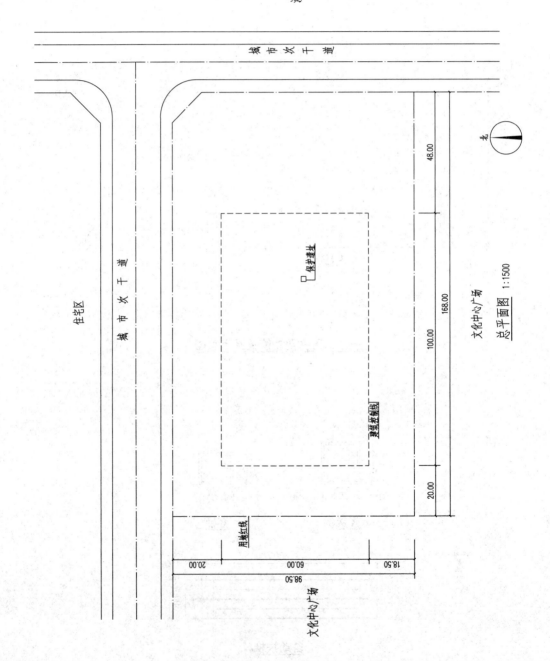

## 解题要点

1. 题目解析：

　　这道题目是我们在2020年考试之前出的最后一道模拟题，当所有同学都在精心准备医疗类建筑的时候，我们弄一个展览类建筑，中间也保留了一个遗址。乍一看和当年的遗址博物馆有点相似，但实际上差别还是很大的。反倒是和2021年文体活动中心的题目很像，走廊的形态，变跨的处理，控制线的尺寸，空间的组合，柱网的布置等。

　　具体体现在以下三点，这也是近几年题目总会考的三个点：

　　（1）宽松控制线

　　控制线是60m×100m的矩形，其实55m×100m完全够用，但就是给你弄成60m的宽度。控制线一旦宽松起来，里面就会出现很多变化。起码你就有可能做成7×8m=56m，中间9格院的布局。这就是解题过程中的一条岔路，就像迷宫一样，误入歧途不仅耽误时间，甚至有可能导致你走不出来。不过这才只是短边方向宽松，2021年的题目更狠，长边和短边两个方向都宽松。54m×99m的控制线，9m的建议柱网，充满就是6×11跨的体系，在总图上就营造了一个岔路极多的大迷宫。

　　（2）空间全并联

　　除去2018、2019和2020这三个年份的题目，其他年份基本都是以考核并联空间为主，局部加个串联流线作为难点来命题的。相对来说并联空间更容易处理，无非就是一条廊一排房、一条廊两排房、两条廊三排房而已，再穿插上变跨、大空间等变化，房间面积基本上就会很丰富。我们在解题的时候，一定要注意寻找秩序，定性对房间分组，定量对房间对位。多找规律，多找线索，整齐划一，让布局更清晰、更简洁。

　　（3）局部面积乱

　　这个题目标答案是8m的柱网，4m的变跨，从数值上看具有一定的隐蔽性，恰好走廊也是4m宽，所以很难被察觉。就好比9m的柱网，3m的变跨，3m的走廊一样。从房间面积上好像是一副没有变跨的样子，守正出奇好像有点派不上用场。那我们就要重新审视走廊这个空间，如果把它当成规划展厅、总体模型、室外展厅会怎么样？答案可能就出来了，结合2021年真题，你可以琢磨琢磨结构柱子的布置规律。

2. 参考答案：

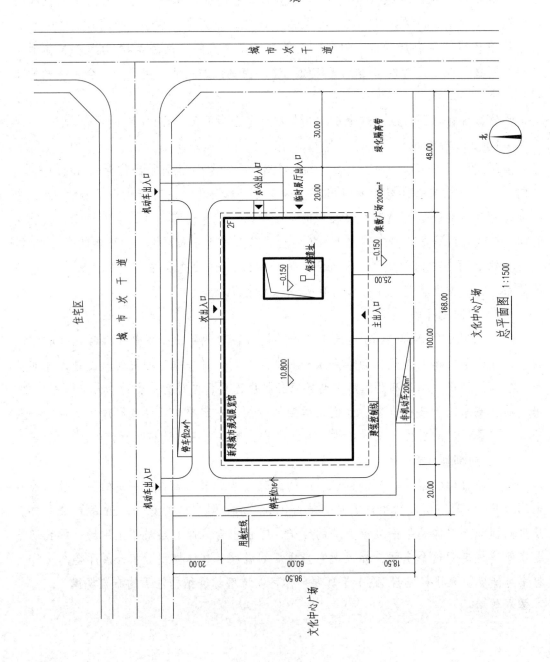

强化难度 | 181

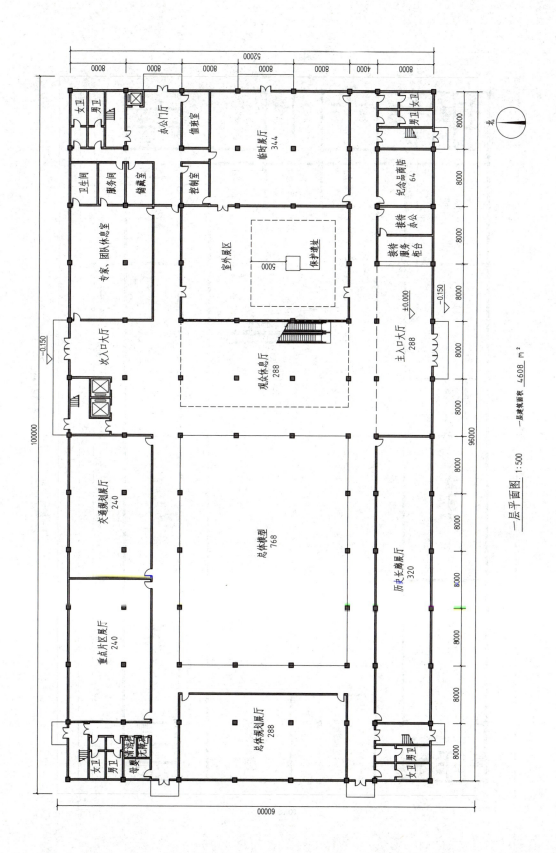

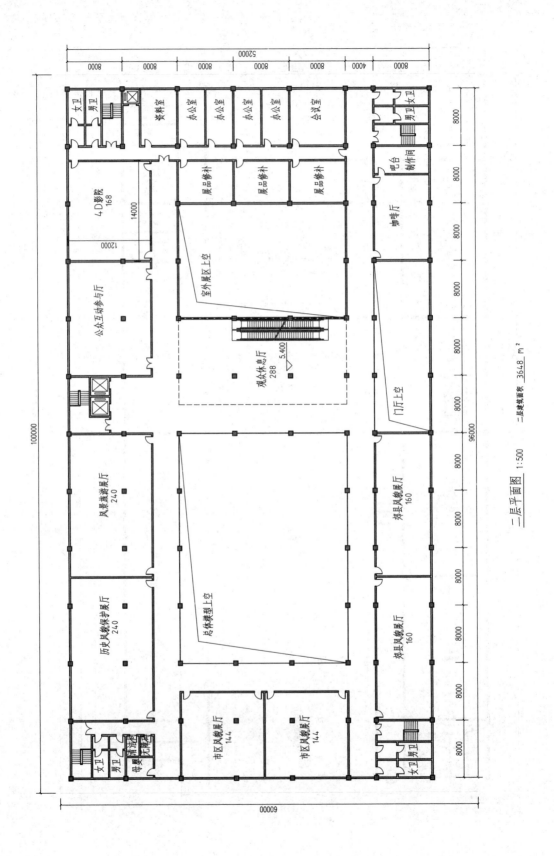

3. 立体模型：

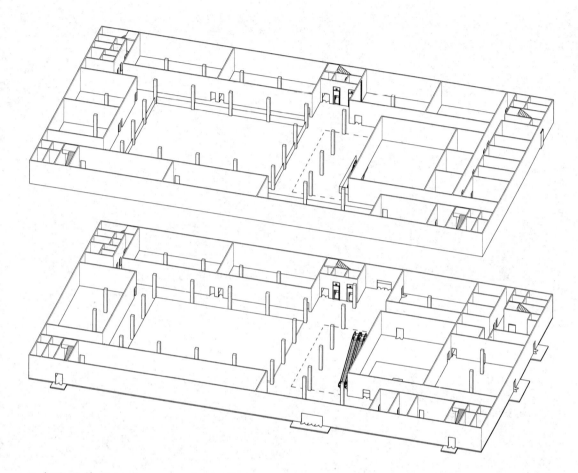

4. 复盘总结：

# Part 4
## 真题难度

本章题目为真题难度。
选取近五年真题。
将之前做题体验充分实践，
拿下一注考试方案作图。

# 4-1 老年养护院方案设计（2014年真题）

根据《老年养护院建设标准》和《养老设施建筑设计规范》的定义，老年养护院是为失能（介护）、半失能（介助）老年人提供生活照料、健康护理、康复娱乐、社会工作等服务的专业照料机构。

**任务描述：**

在我国南方某城市，拟新建二层96张床位的小型老年养护院，总建筑面积约7000m²。

**用地条件：**

用地地势平坦，东侧为城市主干道，南侧为城市公园，西侧为住宅区，北侧为城市次干道。用地情况详见总平面图。

**总平面设计要求：**

1. 在建筑控制线内布置老年养护院建筑。
2. 在用地红线内组织交通流线，布置基地出入口及道路。在城市次干道上设主、次出入口各一个。
3. 在用地红线内布置40个小汽车停车位（内含残疾人停车位，可不表示）、1个救护车停车位、2个货车停车位。布置职工及访客自行车停车场各50m²。
4. 在用地红线内合理布置绿化及场地。设1个不小于400m²的衣物晾晒场（要求邻近洗衣房）和1个不小于800m²的老年人室外集中活动场地（要求邻近城市公园）。

**建筑设计要求：**

1. 老年养护院建筑由五个功能区组成，包括：入住服务区、卫生保健区、生活养护区、公共活动区、办公与附属用房区。各区域分区明确，相对独立。用房及要求详见表一、表二，主要功能关系见右下图。
2. 入住服务区：结合建筑主出入口布置，与各区联系方便，与办公、卫生保健、公共活动区的交往厅（廊）联系紧密。
3. 卫生保健区：是老年养护院的必要医疗用房，需方便老年人就医和急救。其中临终关怀室应靠近抢救室，相对独立布置，且有独立对外出入口。
4. 生活养护区：是老年人的生活起居场所，由失能养护单元和半失能养护单元组成。

一层设置1个失能养护单元和1个半失能养护单元；二层设置2个半失能养护单元。养护单元内除亲情居室外，所有居室均须南向布置，居住环境安静，并直接面向城市公园景观。其中失能养护单元应设专用廊道直通临终关怀室。

5. 公共活动区：包括交往厅（廊）、多功能厅、娱乐、康复、社会工作用房五部分。交往厅（廊）应与生活养护区、入住服务区联系紧密；社会工作用房应与办公用房联系紧密。

6. 办公与附属用房区：办公用房、厨房和洗衣房应相对独立，并分别设置专用出入口。办公用房应与其他各区联系方便，便于管理。厨房、洗衣房应布置合理，流线清晰，并设一条送餐与洁衣的专用服务廊道直通生活养护区。

7. 本建筑内须设2台医用电梯、2台送餐电梯和1条连接一、二层的无障碍坡道（坡道坡度≤1:12，坡道净宽≥1.8m，平台深度≥1.8m）。

8. 本建筑内除生活养护区的走廊净宽不小于2.4m外，其他区域的走廊净宽不小于1.8m。

9. 根据主要功能关系图布置六个主要出入口及必要的疏散口。

10. 本建筑为钢筋混凝土框架结构（不考虑设置变形缝），建筑层高：一层为4.2m；二层为3.9m。

11. 本建筑内房间除药房、消毒室、库房、抢救室中的器械室和居室中的卫生间外，均应天然采光和自然通风。

**规范及要求：** 本设计应符合国家的有关规范和标准要求。

**制图要求：**

一、总平面图

1. 绘制老年养护院建筑屋顶平面图并标注层数和相对标高，注明建筑各主要出入口。
2. 绘制并标注基地主次出入口、道路和绿化、机动车停车位和自行车停车场、衣物晾晒场和老年人室外集中活动场地。

二、平面图

1. 绘制一、二层平面图，表示出柱、墙（双线）、门（表示开启方向）、窗、卫生洁具可不表示。
2. 标注建筑轴线尺寸、总尺寸，标注室内楼、地面及室外地面相对标高。
3. 注明房间或空间名称，标注带*号房间（见表一、表二）的面积。各房间面积允许误差在规定面积的±10%以内。在3、4页中指定位置填写一、二层建筑面积，允许误差在规定面积的 ±5% 以内。

注：房间及各层建筑面积均以轴线计算。

## 表一：一层用房及要求

| | 房间及空间名称 | 建筑面积（m²） | 间数 | 备注 |
|---|---|---|---|---|
| 入住服务区 | *门厅 | 170 | 1 | 含总服务台、轮椅停放处 |
| | 总值班兼监控室 | 18 | 1 | 靠近建筑主出入口 |
| | 入住登记室 | 18 | 1 | |
| | 接待室 | 36 | 2 | 每间18m² |
| | 健康评估室 | 36 | 2 | 每间18m² |
| | 商店 | 45 | 1 | |
| | 理发室 | 15 | 1 | |
| | 公共卫生间 | 36 | 1（套） | 男、女各13m²，无障碍卫生间5m²，污洗5m² |
| 卫生保健区 | 护士站 | 36 | 1 | |
| | 诊疗室 | 108 | 6 | 每间18m² |
| | 检查室 | 36 | 2 | 每间18m² |
| | 药房 | 26 | 1 | |
| | 医护办公室 | 36 | 2 | 每间18m² |
| | *抢救室 | 45 | 1（套） | 含10m²器械室1间 |
| | 隔离观察室 | 36 | 1 | 有相对独立的区域和出入口，含卫生间1间 |
| | 消毒室 | 15 | 1 | |
| | 库房 | 15 | 1 | |
| | *临终关怀室 | 104 | 1（套） | 含18m²病房2间、5m²卫生间2间、58m²家属休息 |
| | 公共卫生间 | 15 | 1（套） | 含5m²独立卫生间3间 |
| 生活养护区 | 半失能养护单元（24床） 居室 | 324 | 12 | 每间2张床位，面积27m²，布置见示意图例 |
| | *餐厅兼活动厅 | 54 | 1 | |
| | 备餐间 | 26 | 1 | 内含或靠近送餐电梯 |
| | 护理站 | 18 | 1 | |
| | 护理值班室 | 15 | 1 | 含卫生间1间 |
| | 助浴间 | 21 | 1 | |

续表

| | | 房间及空间名称 | 建筑面积（m²） | 间数 | 备注 |
|---|---|---|---|---|---|
| 生活养护区 | 半失能养护单元（24床） | 亲情居室 | 36 | 1 | |
| | | 污洗间 | 10 | 1 | 设独立出口 |
| | | 库房 | 5 | 1 | |
| | | 公共卫生间 | 5 | 1 | |
| | 失能养护单元（24床） | 居室 | 324 | 12 | 每间2张床位，面积27m²，布置见示意图例 |
| | | 备餐间 | 26 | 1 | 内含或靠近送餐电梯 |
| | | 检查室 | 18 | 1 | |
| | | 治疗室 | 18 | 1 | |
| | | 护理站 | 36 | 1 | |
| | | 护理值班室 | 15 | 1 | 含卫生间1间 |
| | | 助浴间 | 42 | 2 | 每间21m² |
| | | 污洗间 | 10 | 1 | 设独立出口 |
| | | 库房 | 5 | 1 | |
| | | 公共卫生间 | 5 | 1 | |
| | | 专用廊道 | | | 直通临终关怀室 |
| 公共活动区 | | *交往厅（廊） | 145 | 1 | |
| 办公与附属用房区 | 办公 | 办公门厅 | 26 | 1 | |
| | | 值班室 | 18 | 1 | |
| | | 公共卫生间 | 30 | 1（套） | 男、女各15m² |
| | 附属用房 | *职工餐厅 | 52 | 1 | |
| | | *厨房 | 260 | 1（套） | 含门厅12m²，收货10m²，男、女更衣各10m²，库房2间各10m²，加工区168m²，备餐间30m² |
| | | *洗衣房 | 120 | 1（套） | 合理分设接收与发放出入口，内含更衣10m² |
| | | 配餐与洁衣的专用服务廊道 | | | 直通生活养护区，靠近厨房与洗衣房合理布置，配送车停放处 |
| 其他 | 交通面积（走道、无障碍坡道、楼梯、电梯等）约1240m² | | | | |
| | 一层建筑面积　3750m² | | | | |

## 表二：二层用房及要求

| 房间及空间名称 | | | 建筑面积（m²） | 间数 | 备注 |
|---|---|---|---|---|---|
| 生活养护区 | 本区设2个半失能养护单元，每个单元的用房及要求与表一"半失能养护单元"相同 | | | | |
| 公共活动区 | * 交往厅（廊） | | 160 | 1 | |
| | * 多功能厅 | | 84 | 1 | |
| | 康复 | * 物理康复室 | 72 | 1 | |
| | | * 作业康复室 | 36 | 1 | |
| | | 语言康复室 | 26 | 1 | |
| | | 库房 | 26 | 1 | |
| | 娱乐 | * 阅览室 | 52 | 1 | |
| | | 书画室 | 36 | 1 | |
| | | 亲情网络室 | 36 | 1 | |
| | | 棋牌室 | 72 | 2 | 每间36m² |
| | | 库房 | 10 | 1 | |
| | 社会工作 | 心理咨询室 | 72 | 4 | 每间18m² |
| | | 社会工作室 | 36 | 2 | 每间18m² |
| | 公共卫生间 | | 36 | 1（套） | 男、女各13m²，无障碍卫生间5m²，污洗5m² |
| 办公与附属用房区 | 办公室 | | 90 | 5 | 每间18m² |
| | 档案室 | | 26 | 1 | |
| | 会议室 | | 36 | 1 | |
| | 培训室 | | 52 | 1 | |
| | 公共卫生间 | | 30 | 1 | 男、女各15m² |
| 其他 | 交通面积（走道、无障碍坡道、楼梯、电梯等）约1160m² | | | | |
| | 二层建筑面积 3176m² | | | | |

示例图例：

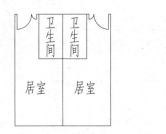

生活养护区居室布置示意图

使用图例：1：200

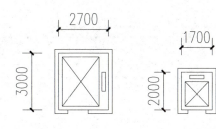

医用电梯　　送餐电梯

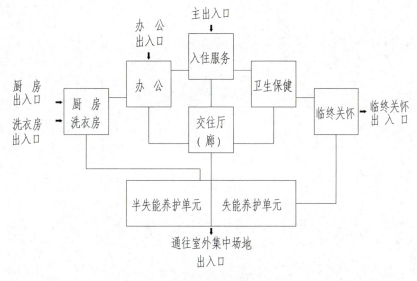

**一层主要功能关系图**

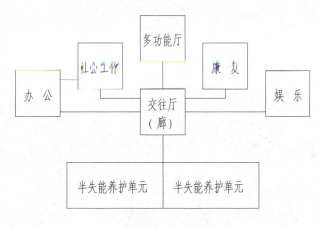

**二层主要功能关系图**

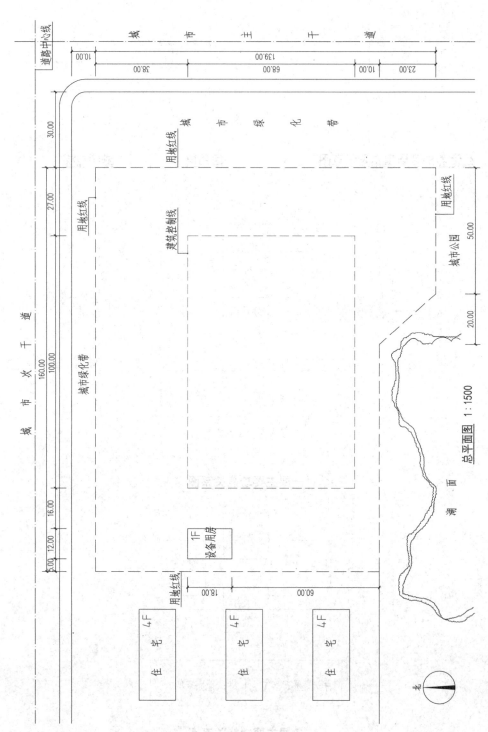

总平面图 1:1500

## 解题要点

**1. 题目解析：**

　　这是一道以分散、内院和并联为主要考核点的题目，康养类功能类型。整体来说，下半部的养护区略微简单，但是因为有变跨的存在，同学们也很难全做对。上半部分就相对偏难，尤其是在满足功能的同时，还想要兼顾一下建筑的形式，就更是难上加难。如果单纯为了应试，通过曲折的走廊来实现气泡图上的联系，那么很容易做出来像"八爪鱼"一样的建筑。看似规避了部分扣分点，但违背了建筑最基本的设计原则，成绩也不会太理想。

　　正确的解题过程，应该大概分这么三步：

（1）总体规划：

　　从基地出入口来看，控制线上半部分肯定是布置门厅区，然后与之紧密联系的医护区和办公区肯定也是就近展开。下半部分则是布置要面向公园的养护区，中间则是连接门厅和养护区的公共活动区（交往廊）。定性分析完，大概看看图底比例关系，6800 的控制线上仅有 3750 的首层，房子和院子基本上是 1：1 的关系。基本确定是分散型布局，大概呈工字形布局。

（2）平面布局：

　　整体呈工字形，下面的这一横就是一条廊两排房的养护区，南面是居室，北面是辅助房间。上面这一横略微复杂，其实是个口字形的并联空间组合模块，这个在 2012 年博物馆的办公部分出现过。中间一竖就是交往廊，当然左右两边将来还需要加上两竖，左边是配餐和洁衣通道，右边是通往临终关怀的专用通道。

（3）上下对位：

　　养护区的上下对位相对简单，除了右下二层是半失能对应一层的失能，其他基本都一样。医护区和办公区这里略微复杂了一点，尤其是左边办公和社会工作和下面层的对位，在空间形态上上下两层是不一样的，一个是串联空间，一个是并联空间。同时还要注意楼梯的设置，先考虑流线后兼顾防火，办公门厅内一定要设置一个楼梯通往二层的办公区，否则就有内外流线混乱的问题。

**2. 参考答案：**

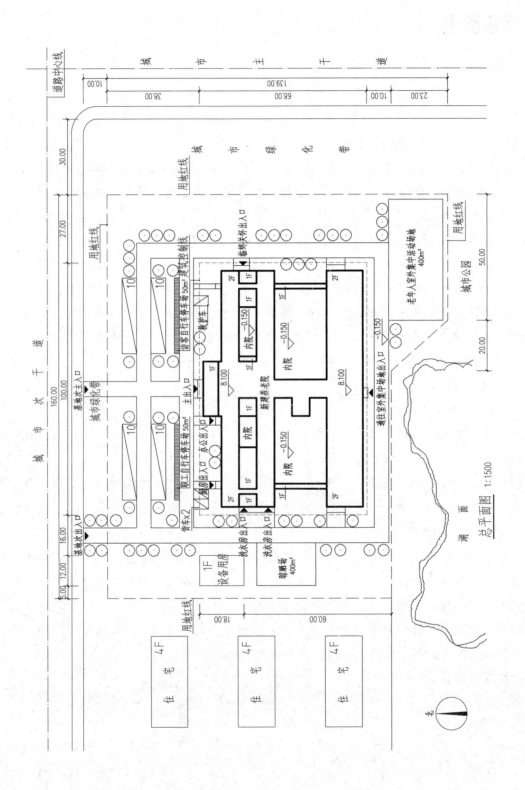

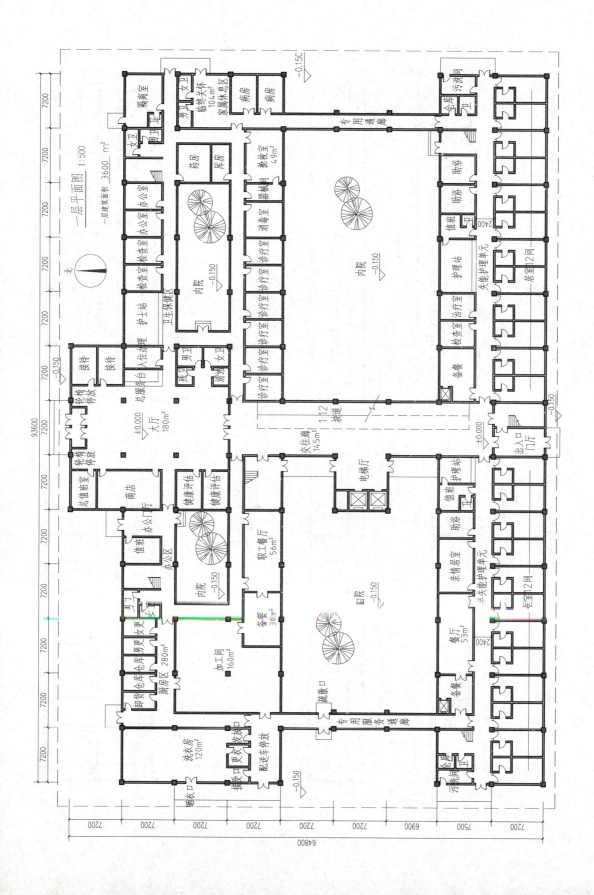

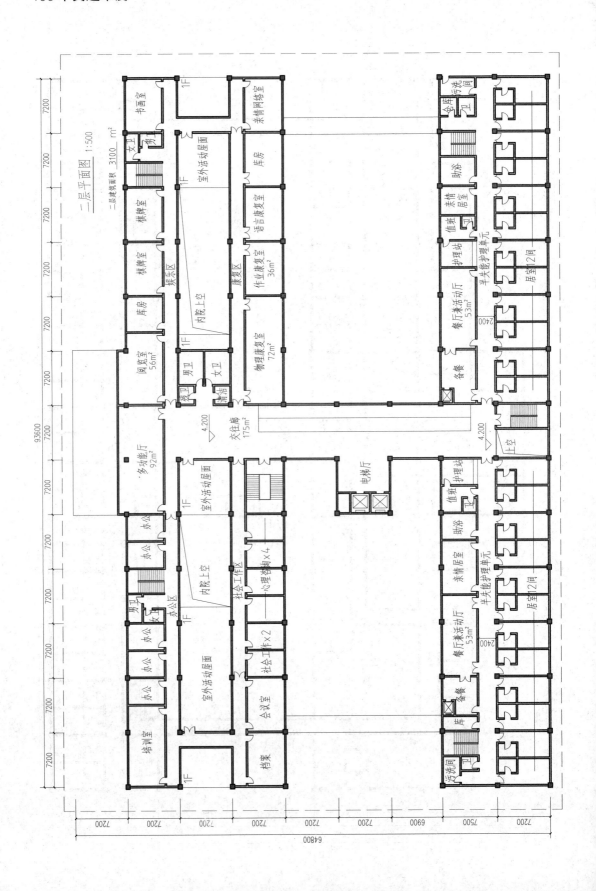

3. 立体模型：

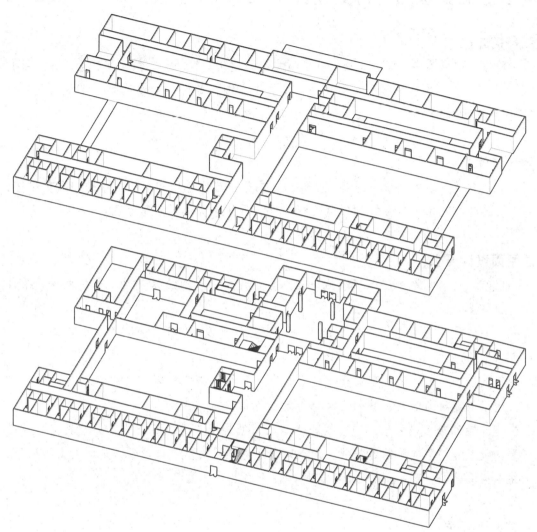

4. 复盘总结：

# 4-2 旅馆扩建项目方案设计（2017年真题）

**任务描述：**
　　因旅馆发展需要，拟扩建一座9层高的旅馆建筑（其中旅馆客房布置在二～九层）。按下列要求设计并绘制总平面图和一、二层平面图，其中一层建筑面积4100m²，二层建筑面积3800m²。

**用地条件：**
　　基地东侧、北侧为城市道路，西侧为住宅区，南侧临城市公园。基地内地势平坦，有保留的既有旅馆建筑一座和保留大树若干。具体情况详见总平面图。

**总平面设计要求：**
　　根据给定的基地主出入口、后勤出入口、道路、既有旅馆建筑、保留大树等条件进行如下设计：
1. 在用地红线内完善基地内部道路系统，布置绿地及停车场地（新增：小轿车停车位20个，货车停车位2个，非机动车停车场一处100m²）。
2. 在建筑控制线内布置扩建旅馆建筑（雨篷、台阶允许突出建筑控制线）。
3. 扩建旅馆建筑通过给定的架空连廊与既有旅馆建筑相连接。
4. 扩建旅馆建筑应设主出入口、次出入口、货物出入口、员工出入口、垃圾出口及必要的疏散口。扩建旅馆建筑的主出入口设于东侧；次出入口设于给定的架空连廊下，主要为宴会（会议）区客人服务，同时便于与既有旅馆建筑联系。

**建筑设计要求：**
　　扩建旅馆建筑主要由公共部分、客房部分、辅助部分三部分组成，各部分应分区明确、相对独立，用房、面积及要求详见表一、表二，主要功能关系见示意图。

一、公共部分
1. 扩建旅馆大堂与餐饮区、宴会（会议）区、健身娱乐区及客房区联系方便，大堂总服务台位置应明显，视野良好。
2. 次出入口门厅设2台客梯和楼梯与二层宴会（会议）区联系，二层宴会厅前厅与宴会厅、给定的架空连廊联系紧密。
3. 一层中餐厅、西餐厅、健身娱乐用房的布局应相对独立，并直接面向城市公园或基地内保留大树的景观。

4. 健身娱乐区的客人经专用休息厅进入健身房与台球室。

## 二、客房部分

1. 客房楼应临近城市公园布置，按城市规划要求，客房楼东西长度不大于60m。
2. 客房楼设2台客梯、1台货梯（兼消防电梯）和相应楼梯。
3. 二~九层为客房标准层，每层设23间客房标准间，其中直接面向城市公园的客房不少于14间，客房不得贴邻电梯井道布置，服务间邻近货梯厅。

## 三、辅助部分

1. 辅助部分应分设货物出入口、员工出入口及垃圾出口。
2. 在货物门厅中设1台货梯，在垃圾电梯厅中设1台垃圾电梯。
3. 货物由货物门厅经收验后进入各层库房；员工由员工门厅经更衣后进入各厨房区或服务区；垃圾收集至各层垃圾间，经一层垃圾电梯厅出口运出。
4. 厨房加工制作的食品经备餐间送往餐厅；洗碗间须与餐厅和备餐间直接联系；洗碗间和加工制作间产生的垃圾通过走道运至垃圾间，不得穿越其他用房。
5. 二层茶水间、家具库的布置便于服务宴会厅和会议室。

**其他：**

1. 本建筑为钢筋混凝土框架结构（不考虑设置变形缝）。
2. 建筑层高：一层层高6m；二层宴会厅层高6m，客房层高3.9m，其余用房层高5.1m；三~九层客房层高3.9m。建筑室内外高差150mm。给定的架空连廊与二层室内楼面同高。
3. 除更衣室、库房、收验间、备餐间、洗碗间、茶水间、家具库、公共卫生间、行李间、声光控制室、客房卫生间、客房服务间、消毒间外，其余用房均应天然采光和自然通风。
4. 本题目不要求布置地下车库及出入口、消防控制室等设备用房和附属设施。
5. 本题目不求布置用房的自然采光和通风。

**规范及要求：** 本设计应符合国家相关规范的规定。

## 制图要求：

### 一、总平面图

1. 绘制扩建旅馆建筑的屋顶平面图（包括与既有建筑架空连廊的联系部分），并标注层数和相对标高。
2. 绘制道路、绿化及新增的小轿车停车位、货车停车位、非机动车停车场，并标注停车位数量和非机动车停车场面积。
3. 标注扩建旅馆建筑的主出入口、次出入口、货物出入口、员工出入口、垃圾出口。

## 二、平面图

1. 绘制一、二层平面图，表示出柱、墙（双线）、门（表示开启方向），窗、卫生洁具可不表示。
2. 标注建筑轴线尺寸、总尺寸，标注室内楼、地面及室外地面相对标高。
3. 标注房间或空间名称；标注带 * 号房间（见表一、表二）的面积。各房间面积允许误差在规定面积的 ±10% 以内。
4. 填写一、二层建筑面积，允许误差在规定面积的 ±5% 以内。

注：房间及各层建筑面积均以轴线计算。

### 表一：一层用房、面积及要求

| | | 房间及空间名称 | 建筑面积（$m^2$） | 间数 | 备注 |
|---|---|---|---|---|---|
| 公共部分 | 旅馆大堂区 | * 大堂 | 400 | 1 | 含前台办公 $40m^2$，行李间 $20m^2$，库房 $10m^2$ |
| | | * 大堂吧 | 260 | 1 | |
| | | 商店 | 90 | 1 | |
| | | 商务中心 | 45 | 1 | |
| | | 次出入口门厅 | 130 | 1 | 含2台客梯，一部楼梯，通向二层宴会（会议）区 |
| | | 客房电梯厅 | 70 | 1 | 含2台客梯，一部楼梯；可结合大堂布置适当扩大面积 |
| | | 客房货梯厅 | 40 | 1 | 含1台货梯（兼消防电梯），一部楼梯 |
| | | 公共卫生间 | 55 | 3 | 男、女各 $25m^2$，无障碍卫生间 $5m^2$ |
| | 餐饮区 | * 中餐厅 | 600 | 1 | |
| | | * 西餐厅 | 260 | 1 | |
| | | 公共卫生间 | 85 | 4 | 男、女各 $35m^2$，无障碍卫生间 $5m^2$，清洁间 $10m^2$ |
| | 健身娱乐区 | 休息厅 | 80 | 1 | 含接待服务台 |
| | | * 健身房 | 260 | 1 | 含男、女更衣各 $30m^2$（含卫生间） |
| | | 台球室 | 130 | 1 | |

续表

| 房间及空间名称 | | | 建筑面积（m²） | 间数 | 备注 |
|---|---|---|---|---|---|
| 辅助部分 | 厨房共用区 | 货物门厅 | 55 | 1 | 含1台货梯 |
| | | 收验间 | 25 | 1 | |
| | | 垃圾电梯厅 | 20 | 1 | 含1台垃圾电梯，并直接对外开门 |
| | | 垃圾间 | 15 | 1 | 与垃圾电梯厅相邻 |
| | | 员工门厅 | 30 | 1 | 含1部专用楼梯 |
| | | 员工更衣室 | 90 | 1 | 男、女更衣各45m²（含卫生间） |
| | 中餐厨房区 | *加工制作间 | 180 | 1 | |
| | | 备餐间 | 40 | 1 | |
| | | 洗碗间 | 30 | 1 | |
| | | 库房 | 80 | 2 | 每间40m²，与加工制作间相邻 |
| | 西餐厨房区 | *加工制作间 | 120 | 1 | |
| | | 备餐间 | 30 | 1 | |
| | | 洗碗间 | 30 | 1 | |
| | | 库房 | 50 | 2 | 每间25m²，与加工制作间相邻 |
| 其他 | 交通面积（走道、楼梯等）约800m² | | | | |
| 一层建筑面积 4100m²（允许±5%：3895m²～4305m²） | | | | | |

## 表二：二层用房、面积及要求

| 房间及空间名称 | | | 建筑面积（m²） | 间数 | 备注 |
|---|---|---|---|---|---|
| 公共部分 | 宴会（会议）区 | *宴会厅 | 660 | 1 | 含声光控制室15m² |
| | | *宴会厅前厅 | 390 | 1 | 作为向一层对外出入口设2台客梯和一部楼梯 |
| | | 休息廊 | 260 | 1 | 服务于宴会厅和会议室 |
| | | 公共卫生间（前厅） | 55 | 3 | 男、女各25m²，无障碍卫生间5m²，服务于宴会厅前厅 |
| | | 休息室 | 130 | 2 | 每间65m² |
| | | *会议室 | 390 | 3 | 每间130m² |
| | | 公共卫生间（会议） | 85 | 4 | 男、女各35m²，无障碍卫生间5m²、清洁间10m²服务于宴会厅和会议室 |

续表

| 房间及空间名称 | | | 建筑面积（m²） | 间数 | 备注 |
|---|---|---|---|---|---|
| 辅助部分 | 厨房共用区 | 货物电梯厅 | 55 | 1 | 含1台货梯 |
| | | 总厨办公室 | 30 | 1 | |
| | | 垃圾电梯厅 | 20 | 1 | 含1台垃圾电梯 |
| | | 垃圾间 | 15 | 1 | 与垃圾电梯厅相邻 |
| | 宴会厨房区 | *加工制作间 | 260 | 1 | |
| | | 备餐间 | 50 | 1 | |
| | | 洗碗间 | 30 | 1 | |
| | | 库房 | 75 | 3 | 每间25m²，与加工制作间相邻 |
| | 服务区 | 茶水间 | 30 | 1 | 方便服务宴会厅、会议室 |
| | | 家具库 | 45 | 1 | 方便服务宴会厅、会议室 |
| 客房部分 | 客房区 | 客房电梯厅 | 70 | 1 | 含2台客梯，一部楼梯 |
| | | 客房标准间 | 736 | 23 | 每间32m²，客房标准间可参照提供的图例设计 |
| | | 服务间 | 14 | 1 | |
| | | 消毒间 | 20 | 1 | |
| | | 客房货梯厅 | 40 | 1 | 含1台货梯（兼消防电梯），一部楼梯 |
| 其他 | 交通面积（走道、楼梯等）约340m² | | | | |
| | 二层建筑面积 3800m²（允许±5%：3610m² ~ 3990m²） | | | | |

**示意图例：**

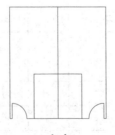

**客房**
（尺寸根据客房平面要求设置）

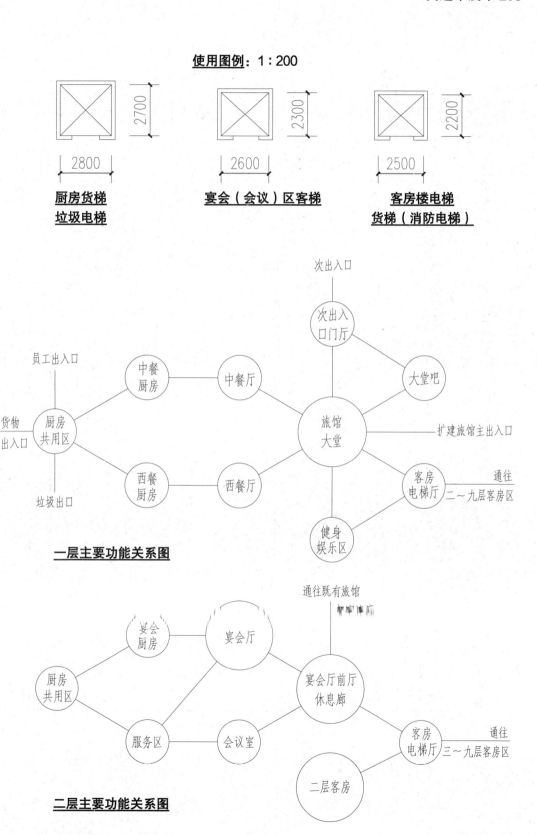

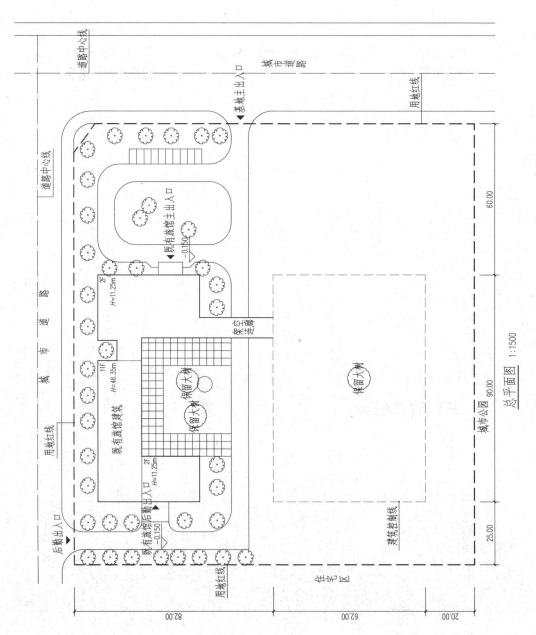

总平面图 1:1500

## 解题要点

1. 题目解析：

　　这是一道以内院、扩建、高层和对位关系为主要考点的题目，作为复考后的第一道题目，信息量很大，每个细节都值得认真推敲。像这种浑身是戏的题目，在6小时内基本上是做不透的，即便是线下练习多次也很难顺畅完成，不管是在总图分析环节，还是平面布局，还是最后的上下对位，一环扣一环，需要很强的逻辑推理思维。如果能研究透彻这道题目，后面2018、2019和2020年的题目基本上就不在话下。

（1）总体规划：

　　总图布局阶段，除去常规的分区位置确定和图底关系掌握，还要特别注意两个点：一个是基地原有建筑的功能和形式，一个是北侧的现状保留大树。这个题目的名字叫旅馆扩建，旅馆考一半，扩建考一半。那么既然是扩建，我们就需要考虑扩建建筑和现状建筑的关系。现状也是旅馆，也是由裙房和板式高层组成，并且量下尺寸我们大概知道好像和新建的差不多。设计师最简单的策略就是抄＋改，并且是80%的抄＋20%的改。

（2）平面布局：

　　如果能看到北侧保留大树的话，大布局方向基本就不会错，起码就不会执拗于把西餐放到客房的下面。但是，如果你特别追求建筑外轮廓方整的话，可能不会太喜欢左下缺角的布局模式。其实，如果我们能从体的角度去看这个建筑，还是很容易理解的。建筑并不是一个异形，也不存在左下缺角，因为右下是高层，上面可以看成是个矩形的裙房只不过中间挖了一个内院而已。

（3）上下对位：

　　卫生间在历年方案作图中基本上都是上下对位的，很少有错位的情况出现。只不过有时候对起来比较容易，而有时候对位就相对复杂，容易的就不说了，复杂的题目比如说这个旅馆，还有就是2020年的遗址博物馆。这两个题目在考虑卫生间对位的时候简直能让你怀疑人生，不同的是遗址博物馆的卫生间对不上好像问题不大，而涉及餐饮功能的时候，卫生间的对位却至关重要。很多同学因为忽视了这一点，把卫生间放到了厨房、餐厅上面导致了被扣大分的情况。

2. 参考答案：

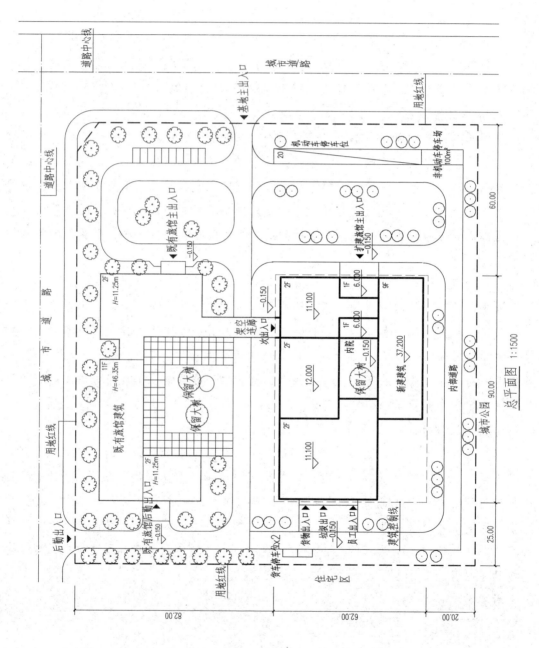

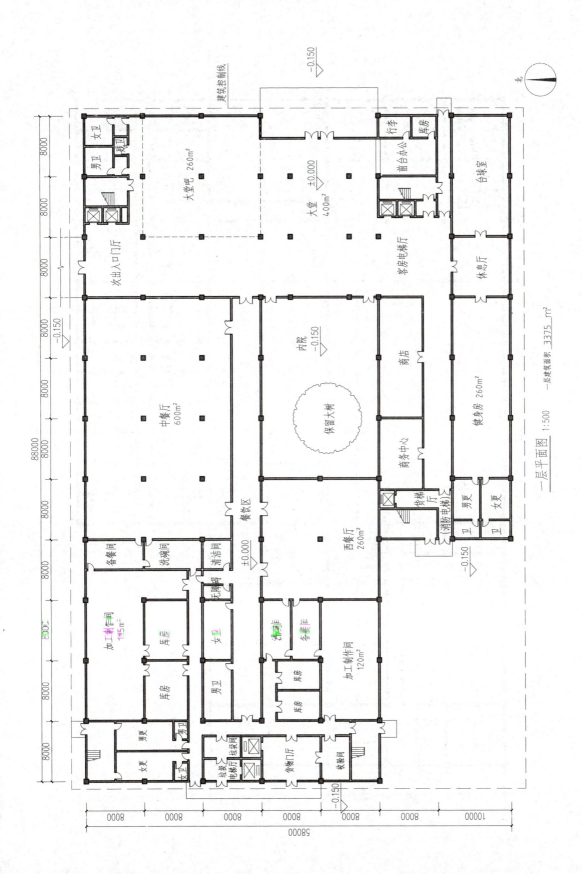

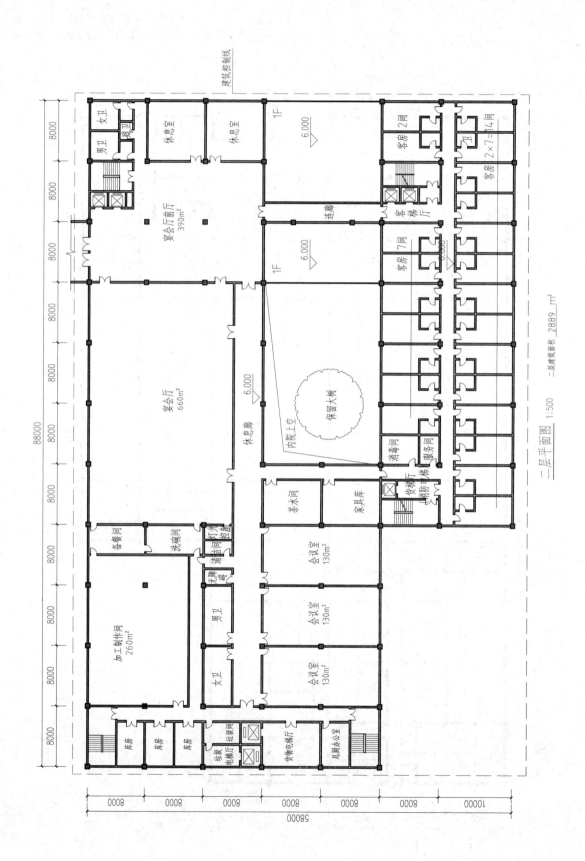

3. 立体模型：

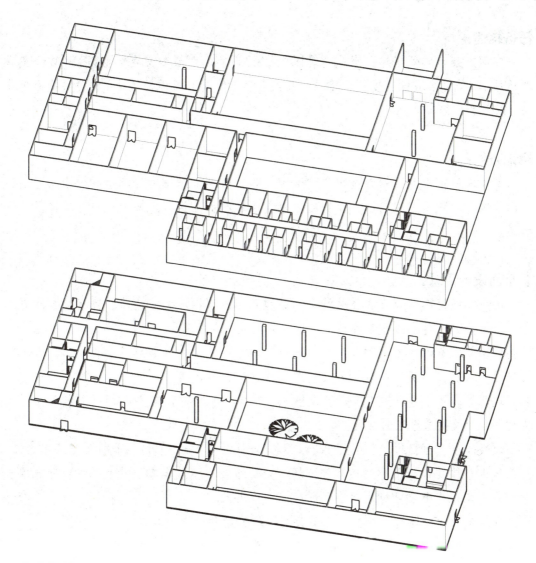

4. 复盘总结：

# 4-3 公交客运枢纽站方案设计（2018年真题）

**任务描述：**
　　在南方某市城郊拟建一座总建筑面积约6200㎡的两层公交客运枢纽站（以下简称客运站）。客运站站房应接驳已建成的高架轻轨站（以下简称轻轨站）和公共换乘停车楼（以下简称停车楼）。

**用地条件：**
　　基地地势平坦，西侧为城市主干道辅路和轻轨站，东侧为停车楼和城市次干道，南侧为城市次干道和住宅区，北侧为城市次干道和商业区，用地情况与环境详见总平面图。

**总平面设计要求：**
　　用地红线范围内布置客运站站房、基地各出入口、广场、道路、停车场和绿地，合理组织人流、车流，各流线互不干扰，方便换乘与集散。

1. 基地南部布置大客车运营停车场，设出、入口各1个；布置到达车位1个，发车车位3个及连接站房的站台；另设过夜车位8个、洗车车位1个。
2. 基地北部布置小型汽车停车场，设出、入口各1个；布置车位40个（包括2个无障碍车位）及接送旅客的站台。
3. 基地西部布置面积约2500㎡的人行广场（含面积不小于300㎡的非机动车停车场）。
4. 基地内布置内部专用小型汽车停车场一处，布置小型汽车车位6个、快餐厅专用小型货车车位1个，可经北部小型汽车出入口出入。
5. 客运站东西两侧通过二层接驳廊道分别与轻轨站和停车楼相连。
6. 在建筑控制线内布置客运站站房建筑（雨篷、台阶允许突出建筑控制线）。

**建筑设计要求：**
　　客运站站房主要由换乘区、候车区、站务用房区及出站区组成。要求各区相对独立、流线清晰。用房建筑面积及要求分别见表一、表二，主要功能关系见示意图。

一、换乘区
1. 换乘大厅设置两台自动扶梯、两台客梯（兼无障碍）和一部梯段宽度不小于3m的开敞楼梯（不作为消防疏散楼梯）。
2. 一层换乘大厅西侧设置出入口1个，面向人行广场；北侧设出入口2个，面向小型汽车停车场；二层换乘大厅东西两端与接驳廊道相连。
3. 快餐厅设置独立的后勤出入口，配置货梯一台，出入口与内部专用小型汽车停车场联系便捷。
4. 售票厅相对独立，购票人流不影响换乘大厅人流通行。

### 二、候车区
1. 旅客通过换乘大厅经安检通道（配置2台安检机）进入候车大厅，候车大厅另设开向换乘大厅单向出口1个，开向站台检票口2个。
2. 候车大厅内设独立的母婴候车室，母婴候车室内设开向站台的专用检票口。
3. 候车大厅的旅客休息区域为两层通高空间。

### 三、出站区
1. 到站旅客由到达站台通过出站厅经验票口进入换乘大厅。
2. 出站值班室与出站站台相邻，并向站台开门。

### 四、站务用房区
1. 站务用房独立成区，设独立的出入口，并通过门禁与换乘大厅、候车大厅连通。
2. 售票室的售票窗口面向售票厅，窗口柜台总长度不小于8m。
3. 客运值班室、广播室、医务室应同时向内部用房区域与候车大厅直接开门。
4. 公安值班室与售票厅、换乘大厅和候车大厅相邻，应同时向内部用房区域、换乘大厅和候车大厅直接开门。
5. 调度室、司乘临时休息室应同时向内部用房区域和站台直接开门。
6. 职工厨房需设独立出入口。
7. 交通卡办理处与二层换乘大厅应同时向内部用房区域和换乘大厅直接开门。

### 五、其他
1. 换乘大厅、候车大厅的公共厕所采用迷路式入口，不设门，无视线干扰。
2. 除售票厅、售票室、小件寄存处、公安值班室、监控室、商店、厕所、母婴室、库房、洗碗间外，其余用房均有天然采光和自然通风。
3. 客运站站房采用钢筋混凝土框架结构；一层层高为6m，二层层高为5m，站台与停车场高差0.15m。
4. 本设计应符合国家相关规范、标准和规定。
5. 本题目不要求布置地下车库及其出入口、消防控制室等设备用房。

## 制图要求：
### 一、总平面图

1. 绘制广场、道路、停车场、绿化，标注各机动车出入口、停车位数量及人行广场和非机动车停车场面积。
2. 绘制建筑的屋顶平面图，并标注层数和相对标高；标注建筑各出入口。

二、平面图

1. 绘制一、二层平面图，表示出柱、墙体（双线或单粗线）、门（表示开启方向），窗、卫生洁具可不表示。
2. 标注建筑轴线尺寸、总尺寸，标注室内楼、地面及室外地面相对标高。
3. 标注房间及空间名称，标注带 * 号房间及空间（见表一、表二）的面积，允许误差 ±10% 以内。
4. 填写一、二层建筑面积，允许误差在规定面积的 ±5% 以内，房间及各层建筑面积均以轴线计算。

### 表一：一层用房、面积及要求

| 功能区 | 房间及空间名称 | 建筑面积（m²） | 数量 | 备注 |
|---|---|---|---|---|
| 换乘区 | * 换乘大厅 | 800 | 1 | |
| | 自助银行 | 64 | 1 | 同时开向人行广场 |
| | 小件寄件处 | 64 | 1 | 含库房 40m² |
| | 母婴室 | 10 | 1 | |
| | 公共厕所 | 70 | 1 | 男、女各 32m²，无障碍卫生间 6m² |
| | * 售票厅 | 80 | 1 | 含自动售票机 |
| 候车厅 | * 候车大厅 | 960 | 1 | 旅客休息区域不小于 640m² |
| | 商店 | 64 | 1 | |
| | 公共厕所 | 64 | 1 | 男、女各 29m²，无障碍卫生间 6m² |
| | * 母婴候车室 | 32 | 1 | 哺乳室、厕所各 5m² |
| 站台服务区 | 门厅 | 24 | 1 | |
| | * 售票室 | 48 | 1 | |
| | 客运值班室 | 24 | 1 | |
| | 广播室 | 24 | 1 | |
| | 医务室 | 24 | 1 | |
| | * 公安值班室 | 30 | 1 | |
| | 值班站长室 | 24 | 1 | |

续表

| 功能区 | 房间及空间名称 | 建筑面积（m²） | 数量 | 备注 |
|---|---|---|---|---|
| 站台服务区 | 调度室 | 24 | 1 | |
| | 司机临时休息室 | 24 | 1 | |
| | 办公室 | 24 | 2 | |
| | 厕所 | 30 | 1 | 男、女各15m²（含更衣） |
| | * 职工餐厅和厨房 | 108 | 1 | 餐厅60m²、厨房48m² |
| 出站区 | * 出站厅 | 130 | 1 | |
| | 验票补票室 | 12 | 1 | 靠近验票口设置 |
| | 出站值班室 | 16 | 1 | |
| | 公共厕所 | 32 | 1 | 男、女各16m²（含无障碍厕位） |
| 其他 | 交通面积（走道、楼梯等）约670m² | | | |
| | 一层建筑面积 3500m²（允许±5%：3325～3675m²） | | | |

## 表二：二层用房、面积及要求

| 功能区 | 房间及空间名称 | 建筑面积（m²） | 数量 | 备注 |
|---|---|---|---|---|
| 换乘区 | * 换乘大厅 | 800 | 1 | 面积不含接驳廊道 |
| | 商业 | 580 | 1 | 合理布置约50～70m²的商店9间 |
| | 母婴室 | 10 | 1 | |
| | 公共厕所 | 70 | 1 | 男、女各32m²，无障碍卫生间6m² |
| | * 快餐厅 | 200 | 1 | |
| | * 快餐厅厨房 | 154 | 1 | 含备餐24m²、洗碗间10m²、库房18m²、男、女更衣室各10m² |
| 站务服务区 | * 交通卡办理处 | 48 | 1 | |
| | 办公室 | 24 | 2 | |
| | 会议室 | 48 | 1 | |
| | 活动室 | 48 | 1 | |
| | 监控室 | 32 | 1 | |
| | 值班宿舍 | 24 | 2 | 各含4m²卫生间 |
| | 厕所 | 30 | 1 | 男、女各15m²（含更衣） |
| 其他 | 交通面积（走道、楼梯等）约440m² | | | |
| | 二层建筑面积 2700m²（允许±5%：2565～2835m²） | | | |

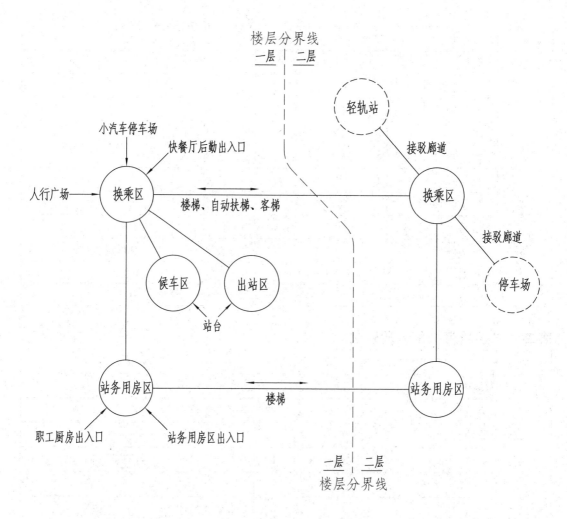

**一、二层主要功能关系示意图**

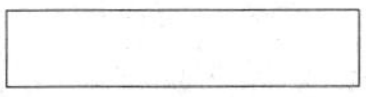

12m×2.5m 大客车车位

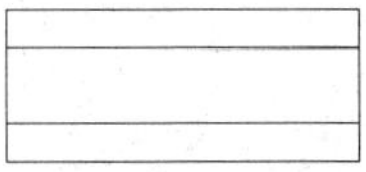

12m×5m 洗车车位

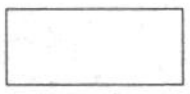

6m×2.5m 小型汽车、小型货车车位

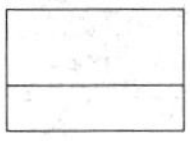

6m×4m 无障碍车位

**总平面图使用图例　1：500**

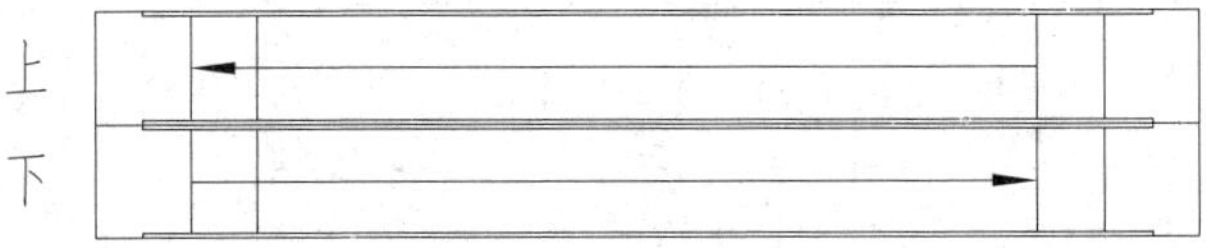

上
下

15m×3m 自动扶梯

直径1500 单向门

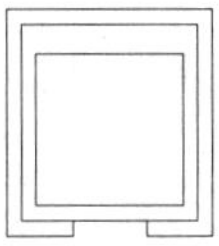

2.8m×3m 客梯、货梯

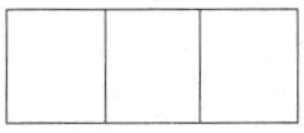

4m×1.5m 安检机

**平面图使用图例　1：200**

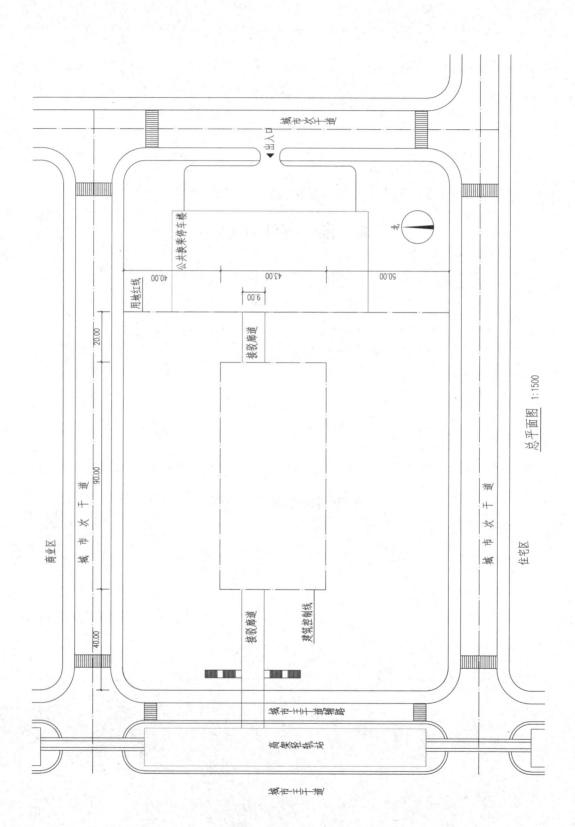

## 解题要点

1. 题目解析：

这是一道以强串联为核心考点的题目，并且从此开启了一个小系列，连续三年都考串联。还是熟悉的总图定生死的题目，不管是2017年的北侧保留大树，还是后面两年的广场限定，总图这一层上就有很多同学选错了方向，从而白白浪费6小时的时间搞设计。同年的场地作图减掉了停车场的题目，命题组把右进右出这一常识放在了方案作图，执拗于强调外中内关系的同学，最后折戟在这道难度系数并不高的题目上。

（1）总体规划：

首先基地出入口要退开城市主干道70m，进出口既要分开同时也要尽量远离。其次秉承右进右出的设计原则，那么基地南部的大客车的出入口位置基本就都确定了。从而暗示建筑的出站厅可能需要结合到达车位布置，最好布置在建筑的右下角。那么办公好像就只能布置在左下，这样内部动线好像和进出站动线有交叉嫌疑。不过结合2008年客运站题目来看，办公流线和外部流线应该是错峰存在的，所以这点应该没有问题。

（2）平面布局：

这个题目依然延续旅馆扩建的思路，二层通过接驳通廊来限定建筑内的角块空间，哪里限制多我们就从哪里展开设计，所以这个题目二层是破题点。800m² 的换乘大厅，贯通东西约90m长，宽度等同于接驳通道的9m，90x9刚好就等于800。定性合理，定量刚好，我们也就轻松搞定这个在一二层都有出现的，并且是整个建筑最重要的房间——换乘大厅。它是两个长条状的空间，而不像常规建筑中的门厅那样是方的。

（3）上下对位：

这个题目除了同样的房间名称、同样的面积要求的换乘大厅上下对位之外，另一个比较重要的对位关系就是6格快餐厅了，它要放在哪里？多方案比对之后，放在右下应该是最优选择，正好对上一层布置3格进站和3格候车厅的子房间。这样的布局可以规避尽端商业和局部屋面的尴尬细节，并且还能高度还原2017年厨房餐厅的布局和流线。

2. 参考答案：

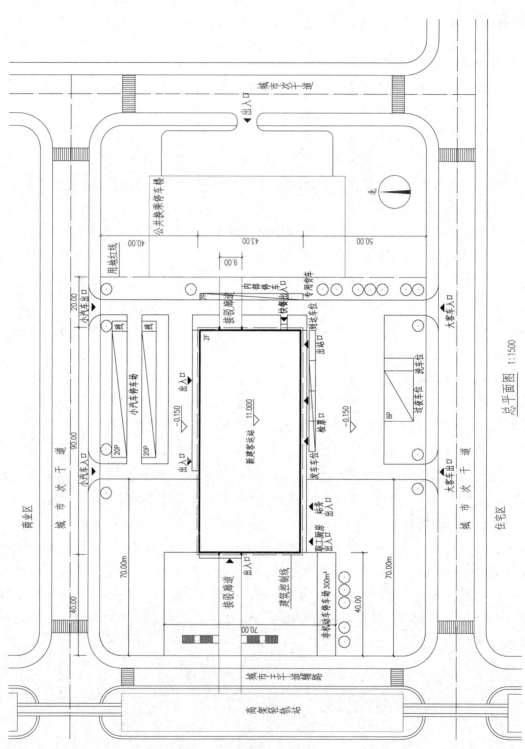

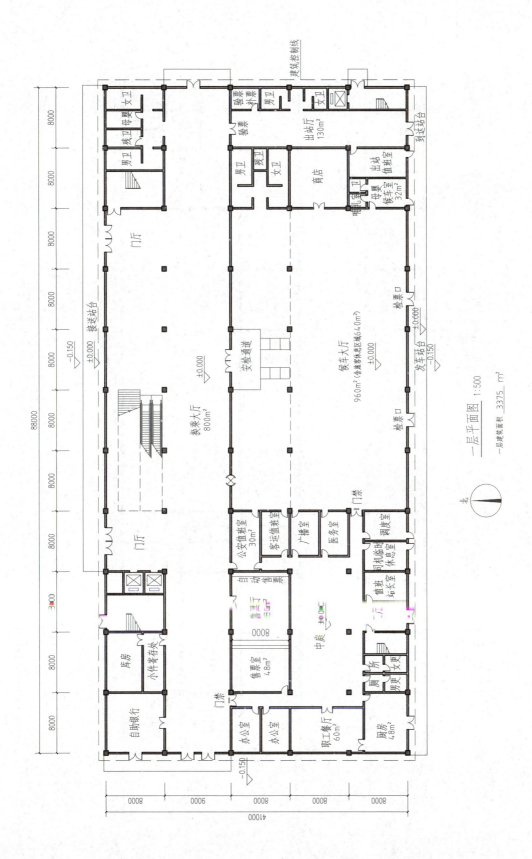

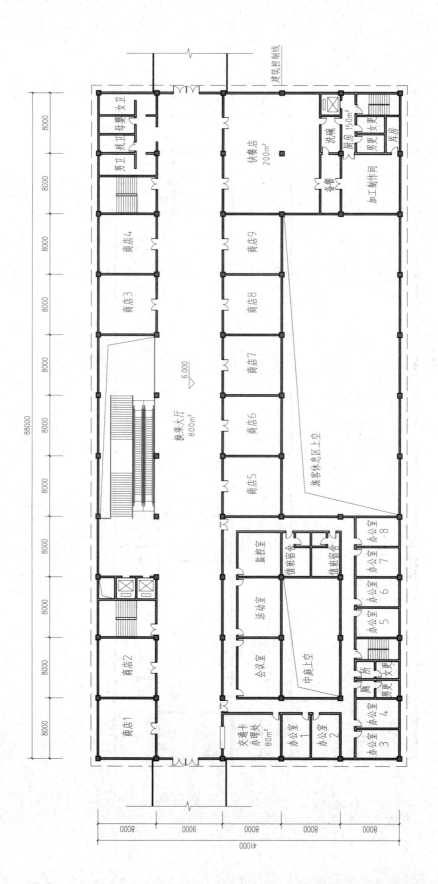

3. 立体模型：

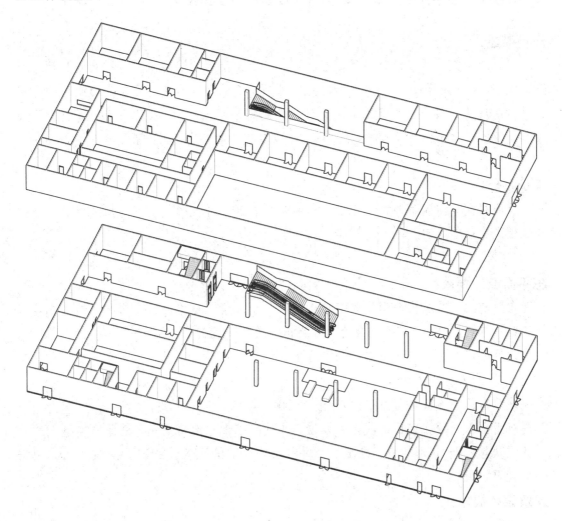

4. 复盘总结：

# 4-4 多厅电影院方案设计（2019年真题）

**任务描述：**
　　在我国南方某城市设计多厅电影院一座。电影院为三层建筑，包括大观众厅一个（350座）、中观众厅两个（每个150座）、小观众厅一个（50座）及其他功能用房。部分功能用房为二层或三层通高。本设计仅绘制总平面图和一、二层平面图（三层平面及相关设备设施不作考虑和表达）。一、二层建筑面积合计为5900m²。

**用地条件：**
　　基地东侧与南侧临城市次干道，西侧临住宅区，北侧临商业区。用地红线、建筑控制线详见总平面图。

**总平面设计要求：**
　　在用地红线范围内合理布置基地各出入口、广场、道路、停车场和绿地，在建筑控制线内布置建筑物（雨篷、台阶允许突出建筑控制线）。
1. 基地设置两个机动车出入口，分别开向两条城市次干道。基地内人车分流，机动车道宽7m，人行道宽4m。
2. 基地内布置小型机动车停车位40个，300m²非机动车停车场一处。
3. 建筑主出入口设在南面，次出入口设在东面。基地东南角设一个进深不小于12m的人员集散广场（L形转角）连接主、次出入口，面积不小于900m²。其他出入口根据功能要求设置。

**建筑设计要求：**
　　电影院一、二层为观众厅区和公共区，两区之间应分区明确、流线合理。各功能房间面积及要求详见表一、表二，功能关系见示意图。建议平面采用9m×9m柱网。三层为放映机房与办公区，不要求设计和表达。

一、观众厅区
1. 观众厅相对集中布置，入场、出场流线不交叉。各观众厅入场口均设在二层入场厅内，入场厅和候场厅之间设验票口一处。所有观众厅入场口均设声闸。
2. 大观众厅的入场口和出场口各设两个，两个出场口均设在一层，一个直通室外，另一个直通入口大厅。
3. 中观众厅和小观众厅的入场口和出场口各设一个，出场口通向二层散场通道。观众经散场通道内的疏散楼梯或乘客电梯到达一层后，既可直通室外，也可不经室外直接返回一层公共区。
4. 乘轮椅的观众均由二层出入（大观众厅乘轮椅的观众利用二层入场口出场）。
5. 大、中、小观众厅长×宽尺寸分别为27m×18m、18m×13.5m、15m×9m，前述尺寸均不包括声闸，平面见示意图。

二、公共区
1. 一层入口大厅局部两层通高。售票处服务台面向大厅，可看见主出入口。专卖店、快餐厅、VR体验厅临城市道路设置，可兼顾内外经营。
2. 二层休息厅、咖啡厅分别与候场厅相邻。
3. 大观众厅座席升起的下部空间（观众厅长度三分之一范围内）需利用。
4. 在一层设专用门厅为三层放映机房与办公区服务。

三、其他
1. 本设计应符合国家现行规范、标准及规定。
2. 在入口大厅设自动扶梯二部，连通二层候场厅。在公共区设乘客电梯一部服务进场观众，在观众厅区散场通道内设乘客电梯一部服务散场观众。
3. 层高：一、二、三层各层层高均为4.5m（大观众厅下部利用空间除外）。入口大厅局部通高9m（一～二层）；大观众厅通高13.5m（一～三层）；中、小观众厅通高9m（二～三层）；建筑室内外高差150mm。
4. 结构：钢筋混凝土框架结构。
5. 采光通风：表一、表二"采光通风"栏内标注#号的房间，要求有天然采光和自然通风。

## 制图要求：
一、总平面图
1. 绘制建筑物一层轮廓，并标注室内外地面相对标高。
2. 绘制机动车道、人行道、小型机动车停车场（标注数量）、非机动车停车场（标注面积）、人员集散广场（标注进深和面积）及绿化。
3. 绘制建筑物主出入口、次出入口、快餐厅厨房出入口、各散场出口。

二、平面图
1. 绘制一、二层平面图，表示出柱、墙体（双线或单粗线）、门（表示开启方向）。窗、卫生洁具可不表示。
2. 标注建筑轴线尺寸、总尺寸，标注室内楼、地面及室外地面相对标高。
3. 标注房间或空间名称；标注带*号房间及空间（见表一、表二）的面积，允许误差±10%以内。

4. 填写一、二层建筑面积，允许误差在规定面积的 ±5% 以内，房间及各层建筑面积均以轴线计算。

## 表一：一层用房、面积及要求

| 功能区 | 房间及空间名称 | 建筑面积（$m^2$） | 数量 | 采光通风 | 备注 |
|---|---|---|---|---|---|
| 观众厅区 | * 大观众厅 | 486 | 1 | | 一至三层通高 |
| 公共区 | * 入口大厅 | 800 | 1 | # | 局部二层通高，约450$m^2$，含自动扶梯、售票处50$m^2$（服务台长度不小于12m） |
| | * VR体验厅 | 400 | 1 | # | |
| | 儿童活动室 | 400 | 1 | # | |
| | 展示厅 | 160 | 1 | | |
| | * 快餐厅 | 180 | 1 | # | 含备餐20$m^2$，厨房50$m^2$ |
| | * 专卖店 | 290 | 1 | # | |
| | 厕所 | 54 | 2处 | | 每处54$m^2$，男、女各27$m^2$，均含无障碍厕位，两处厕所之间间距大于40m |
| | 母婴室 | 27 | 1 | | |
| | 消防控制室 | 27 | 1 | # | 设疏散门直通室外 |
| | 专用门厅 | 80 | 1 | # | 含一部至三层的疏散楼梯 |
| 其他 | 走道、楼梯、乘客电梯等约442$m^2$ | | | | |
| | 一层建筑面积 3400$m^2$（允许 ±5%） | | | | |

## 表二：二层用房、面积及要求

| 功能区 | 房间及空间名称 | 建筑面积（$m^2$） | 数量 | 采光通风 | 备注 |
|---|---|---|---|---|---|
| 公共区 | * 候场厅 | 320 | 1 | | |
| | * 休息厅 | 290 | 1 | # | 含售卖处40$m^2$ |
| | * 咖啡厅 | 290 | 1 | # | 含制作间和吧台合计60$m^2$ |
| | 厕所 | 54 | 1处 | | 男、女各27$m^2$，均含无障碍厕位 |
| 观众厅区 | * 入场厅 | 270 | 1 | | 需用文字示意验票口位置 |
| | 入场口声闸 | 14 | 5处 | | 每处14$m^2$ |
| | * 大观众厅 | 计入一层 | | | 一至三层通高 |

续表

| 功能区 | 房间及空间名称 | 建筑面积（m²） | 数量 | 采光通风 | 备注 |
|---|---|---|---|---|---|
| 观众厅区 | * 中观众厅 | 243 | 2个 | | 每个243m²；二至三层通高 |
| | * 小观众厅 | 135 | 1 | | 二至三层通高 |
| | 散场通道 | 310 | 1 | # | 轴线宽度不小于3m，连通入场厅 |
| | 员工休息室 | 20 | 2个 | | 每个20m² |
| | 厕所 | 54 | 1处 | | 男、女各27m²，均含无障碍厕位 |
| 其他 | 走道、楼梯、乘客电梯等约181m² | | | | |
| 二层建筑面积　2500m²（允许±5%） | | | | | |

**自动扶梯图例 1:200**　　　　**乘客电梯图例 1:200**

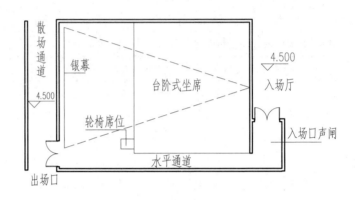

**中、小观众厅平面示意图**
本图不作为平面尺寸依据

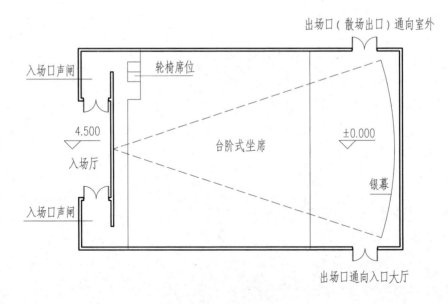

**大观众厅平面示意图**
本图不作为平面尺寸依据

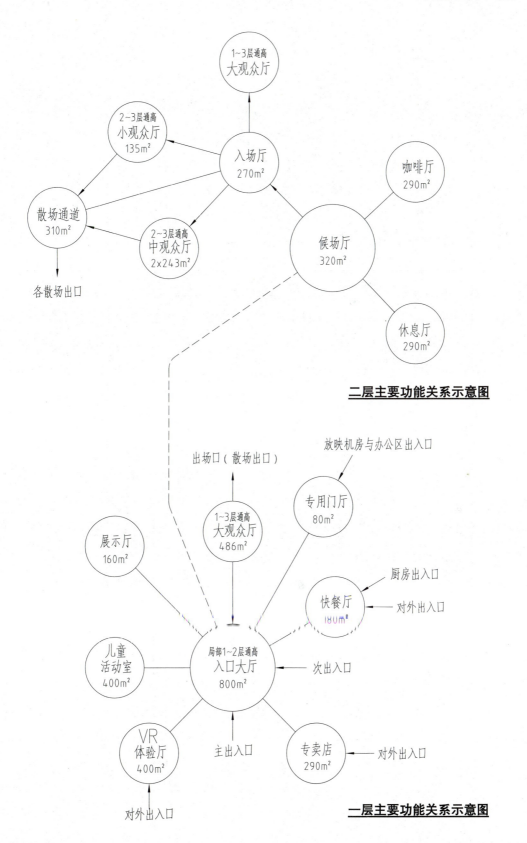

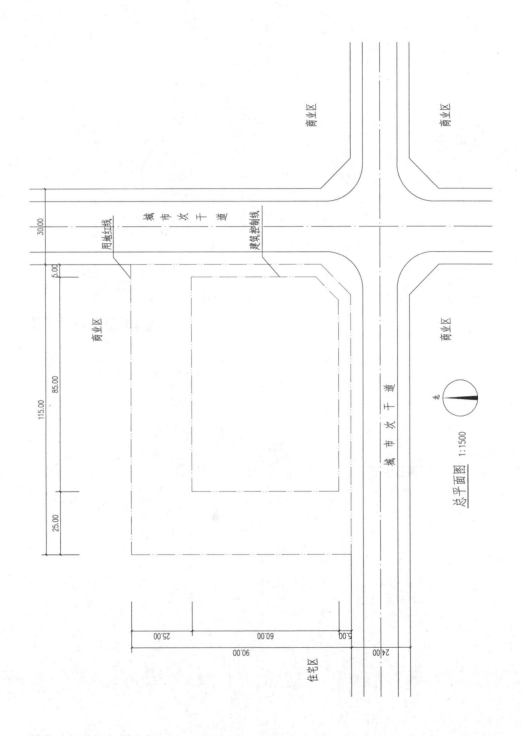

# 解题要点

1. 题目解析：

这是一道以串联和上下对位为主要考点的题目，功能类型是大家比较常见的电影院，但局部处理很容易出现问题。方案作图前后两年之间通常都具有很明显的传承性，并且传承的点主要就是有些激奋的同学不理解的点。比如 2018 年客运站中，很多同学就质疑为什么一层的换乘大厅是个长条空间，他们可能认为换乘大厅就是门厅应该是方的才对。出题人是不会认输的，电影院题目中的进场厅、候场厅都叫厅，这次看你是画成方的还是长的。如果你还是执拗于只要是叫厅的房间就一定是方的，那抱歉你明年还得继续来考。

（1）总体规划：

基地周边很简单没有什么过多的限制信息，基地内部也基本上就是一个白地，但是这次的控制线设定的却相对宽松，然而标准答案却依然是个简单的矩形平面。一是通过右下角 900m² L 形广场的限定，二是通过电影院核心房间都不用采光的设定，三是建筑设计时应力求简洁的设计原则。但凡是做成内院式或刀把形建筑的同学，基本想要及格就很难了。在总图上设置第一道分水岭，是方案作图的惯用伎俩，对于命题组来说绝对是个利器，非常好用并且还能筛掉一批不尊重基地的设计师。

（2）平面布局：

和 2018 年客运站题目一样，设计同样是从二层展开，不同的是客运站题目起手是作为角块的换乘大厅，而电影院题目则是靠多个放映厅和进场厅的中间块组合。然后是一层的入口大厅和大观众厅组合关系基本也比较明朗，右边专卖、次出入口和快餐厅的组合也还可以。其他关系就不太好确定，尤其是二层的 300m² 的散场通道。但考虑到历年题目都是在正方形柱网上加局部变跨的原则，目前变跨好像还没有出现，就只能留给左边 3m 的散场通道了。变跨后的单层建筑轮廓尺寸就变成了 75×45=3375，也刚好和题目吻合。

（3）上下对位：

由于建筑规模比较小，所以上下层之间重合的部分也相应降低，只有很少的地方能够对上，比如说 386 的放映厅、专卖和咖啡、楼电梯和厕所。其他部分处理起来并不简单，不过好在一层要求相对较少，容易满足要求。但一定要注意的是这次的上下对位不单单要考虑建筑的对位，还要考虑结构的对位，否则会有直接 30 分不及格的风险。2017 年旅馆扩建考核的是卫生间的对位，2018 年是两个换乘大厅的对位，2019 年电影院题目则是结构的对位。

2. 参考答案：

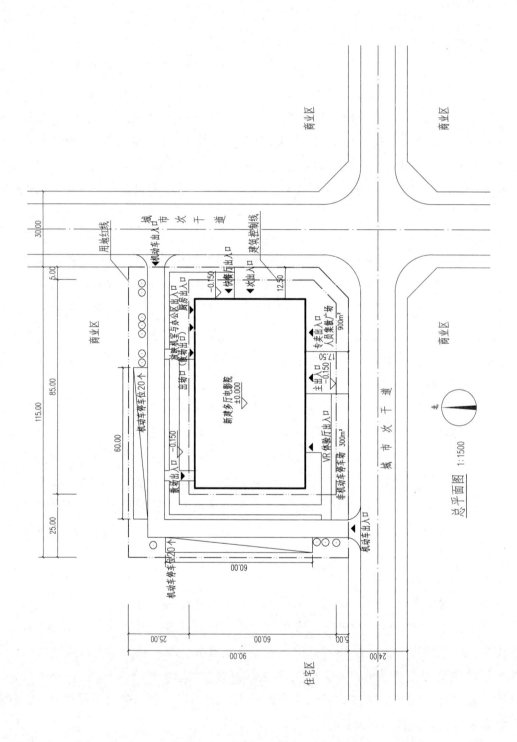

总平面图 1:1500

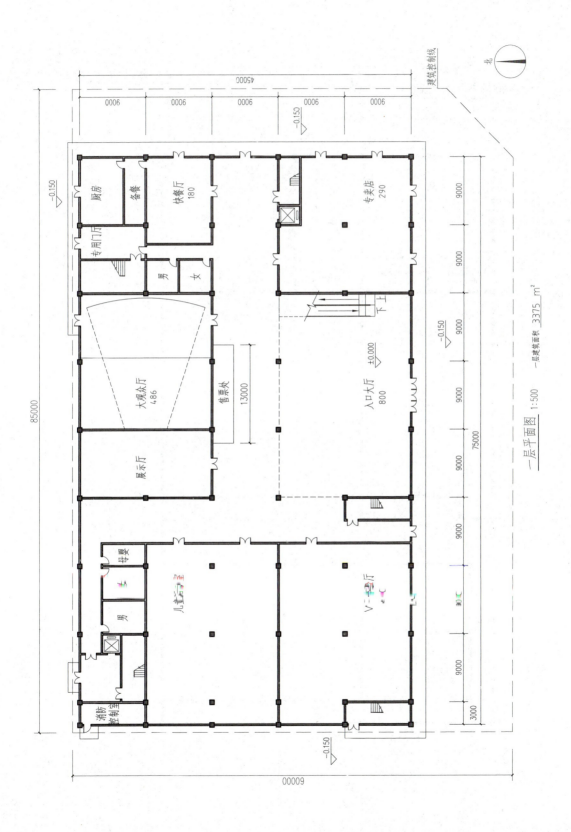

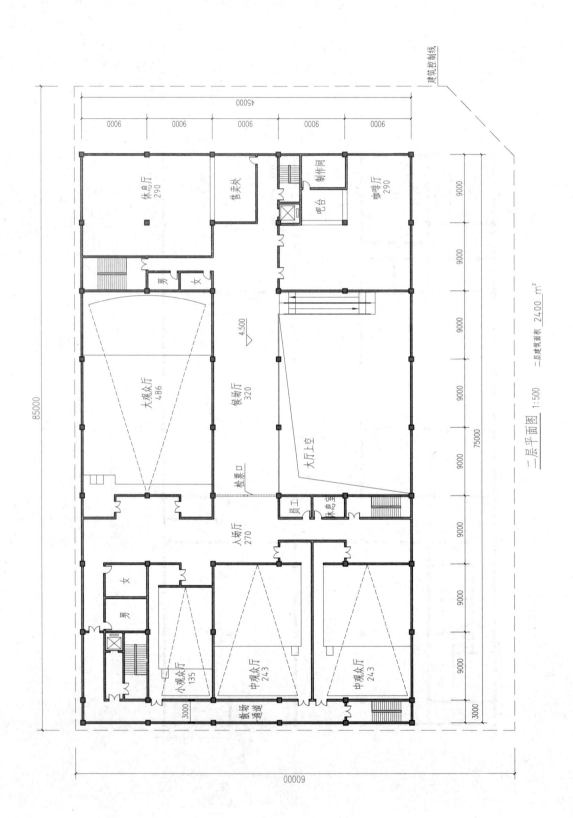

3. 立体模型：

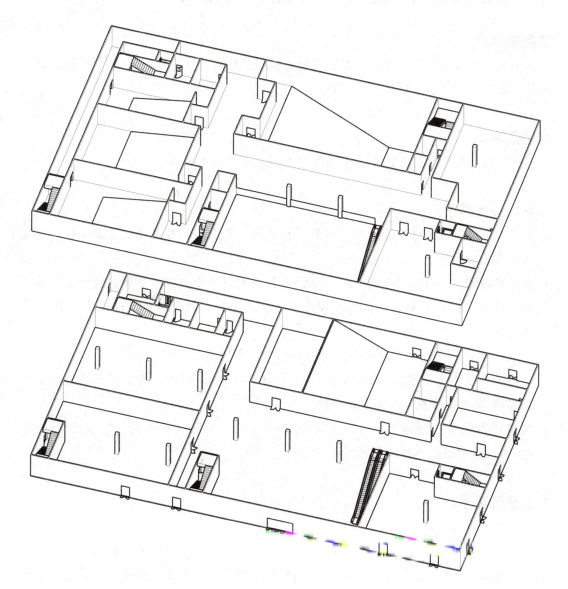

4. 复盘总结：

## 4-5 遗址博物馆方案设计（2020年真题）

**任务描述：**

华北某地区，依据当地遗址保护规划，结合遗址新建博物馆一座（限高8m，地上一层、地下一层），总建筑面积5000m²。

**用地条件：**

基地西、南侧临公路，东、北侧毗邻农田，详见总平面图。

**总平面设计要求：**

1. 在用地红线范围内布置出入口、道路、停车场、集散广场和绿地；在建筑控制线范围内布置建筑物。
2. 在基地南侧设观众机动车出入口一个，人行出入口一个，在基地西侧设内部机动车出入口一个；在用地红线范围内合理组织交通流线，须人车分流；道路宽7m，人行道宽3m。
3. 在基地内分设观众停车场和员工停车场。观众停车场设小客车停车位30个，大客车停车位3个（每车位13m×4m），非机动车停车场200m²；员工停车场设小客车停车位10个，非机动车停车场50m²。
4. 在基地内结合人行出入口设观众集散广场一处，面积不小于900m²，进深不小于20m；设集中绿地一处，面积不小于500m²。

**建筑设计要求：**

博物馆由公众区域（包括陈列展览区、教育与服务设施区）、业务行政区域（包括业务区、行政区）组成，各区分区明确，联系方便。各功能房间面积及要求详见表一、表二，主要功能关系见示意图。本建筑采用钢筋混凝土框架结构（建议平面柱网以8m×8m为主），各层层高均为6m，室内外高差300mm。

一、公众区域

观众参观主要流线：

入馆→门厅→序厅→多媒体厅→遗址展厅→陈列厅→文物修复参观廊→纪念品商店→门厅→出馆。

一层：

1. 门厅与遗址展厅（上空）、序厅（上空）相邻，观众可俯视参观两厅；门厅设开敞楼梯和无障碍电梯各一部，通达地下一层序厅；服务台与讲解员室、寄存处联系紧密；寄存处设置的位置须方便观众存、取物品。

2. 报告厅的位置须方便观众和内部工作人员分别使用，且可直接对外服务。

地下一层：

1. 遗址展厅、序厅（部分）为两层通高；陈列厅任一边长不小于16m；文物修复参观廊长度不小于16m，宽度不小于4m。
2. 遗址展厅由给定的遗址范围及环绕四周的遗址参观廊组成，遗址参观廊宽度为6m。
3. 观众参观结束，可就近到达儿童考古模拟厅和咖啡厅，或通过楼梯上至一层穿过纪念品商店从门厅出馆，其中行动不便者可乘无障碍电梯上至一层出馆。

## 二、业务行政区域

藏品进出流线：装卸平台—库前室—管理室—藏品库。

藏品布展流线：藏品库—管理室—藏品专用通道—遗址展厅、陈列厅、文物修复室。

一层：

1. 设独立的藏品出入口，须避开公众区域；安保室与装卸平台、库前室相邻，方便监管；库前室设一部货梯直达地下一层管理室。
2. 行政区设独立门厅，门厅内设楼梯一部至地下一层业务区；门厅、地下一层业务区均可与公众区域联系。

地下一层：

1. 业务区设藏品专用通道，藏品经管理室通过藏品专用通道直接送达遗址展厅、陈列厅及文物修复室；藏品专用通道与其他通道之间须设门禁。
2. 文物修复室设窗向在文物修复参观廊的观众展示修复工作。
3. 研究室邻近文物修复室，且与公众区域联系方便。

## 三、其他

1. 博物馆设自动灭火系统（提示：地下防火分区每个不超过1000m²，建议遗址展厅、地下一层业务区各为一个独立的防火分区，室内开敞楼梯不得作为疏散楼梯）。
2. 标注带√号房间需满足自然采光、通风要求。
3. 根据采光、通风、安全疏散的需要，可设置内庭院或下沉广场。
4. 本设计应符合国家现行相关规范和标准的规定。

**制图要求：**

一、总平面图

1. 绘制建筑一层平面轮廓，标注层数和相对标高；建筑主体不得超出建筑控制线（台阶、雨篷、下沉广场、室外疏散楼梯除外）。
2. 在用地红线范围内绘制道路（与公路接驳）、绿地、机动车停车场、非机动车停车场；标注机动车停车位数量和非机动车停车场面积。
3. 标注基地各出入口；标注博物馆观众、藏品、员工出入口。

二、平面图

1. 绘制一层、地下一层平面图；表示出柱、墙（双线或单粗线）、门（表示开启方向）。窗、卫生洁具可不表示。
2. 标注建筑轴线尺寸、总尺寸，标注室内楼、地面及室外地面相对标高。
3. 标注防火分区之间的防火卷帘（用 FJL 表示）与防火门（用 FM 表示）。
4. 注明房间或空间名称；标注带 * 号房间（见表一、表二）的面积，各房间面积允许误差在规定面积的 ±10% 以内。
5. 分别填写一层、地下一层建筑面积，允许误差在规定面积的 ±5% 以内，房间及各层建筑面积均以轴线计算。

### 表一：一层用房面积及要求

| 功能区 | | 房间及空间名称 | 建筑面积（m²） | 数量 | 采光通风 | 备注 |
|---|---|---|---|---|---|---|
| 公众区域 | 教育与服务设施区 | *门厅 | 256 | 1 | √ | |
| | | 服务台 | 18 | 1 | | |
| | | 寄存处 | 30 | 1 | | 观众自助存取 |
| | | 讲解员室 | 30 | 1 | | |
| | | *纪念品商店 | 104 | 1 | √ | |
| | | *报告厅 | 208 | 1 | √ | 尺寸：16m×13m |
| | | 无性别厕所 | 14 | 1 | | 兼无障碍厕所 |
| | | 厕所 | 64 | 1 | √ | 男 26m²、女 38m² |
| 业务行政区域 | 行政区 | *门厅 | 80 | 1 | √ | 与业务区共用 |
| | | 值班室 | 20 | 1 | √ | |
| | | 接待室 | 32 | 1 | √ | |
| | | *会议室 | 56 | 1 | √ | |
| | | 办公室 | 82 | 1 | √ | |
| | | 厕所 | 44 | 1 | √ | 男、女各 16m²，茶水间 12m² |

续表

| 功能区 | | 房间及空间名称 | 建筑面积（m²） | 数量 | 采光通风 | 备注 |
|---|---|---|---|---|---|---|
| 业务行政区域 | 业务区 | 安保室 | 12 | 1 | | |
| | | 装卸平台 | 20 | 1 | | |
| | | *库前室 | 160 | 1 | | 内设货梯 |
| 其他 | | 走廊、楼梯、电梯等约470m² | | | | |
| 一层建筑面积 1700m²（允许误差在±5%以内） | | | | | | |

## 表二：地下一层用房面积及要求

| 功能区 | | 房间及空间名称 | 建筑面积（m²） | 数量 | 采光通风 | 备注 |
|---|---|---|---|---|---|---|
| 公众区域 | 陈列展览区 | *序厅 | 384 | 1 | √ | |
| | | *多媒体厅 | 80 | 1 | | |
| | | *遗址展厅 | 960 | 1 | | 包括遗址范围和遗址参观廊，遗址参观廊的宽度为6m |
| | | *陈列厅 | 400 | 1 | | |
| | | *文物修复参观廊 | 88 | 1 | | 长度不小于16m、宽度不小于4m |
| | 教育与服务设施区 | *儿童考古模拟厅 | 80 | 1 | √ | |
| | | *咖啡厅 | 80 | 1 | √ | |
| | | 无性别厕所 | 14 | 1 | | 兼无障碍厕所 |
| | | 厕所 | 64 | 1 | √ | 男26m²、女38m² |
| 业务行政区域 | 业务区 | 管理室 | 64 | 1 | | 内设货梯 |
| | | 藏品库 | 166 | 1 | | |
| | | *藏品专用通道 | 90 | 1 | | 直接与管理室、遗址展厅、陈列厅、文物修复室相通 |
| | | *文物修复室 | 185 | 1 | | 面向文物修复参观廊开窗 |
| | | *研究室 | 176 | 2 | √ | 每间88m² |
| | | 厕所 | 44 | 1 | | 男、女各16m²，茶水间12m² |
| 其他 | | 走廊、楼梯、电梯等约425m² | | | | |
| 地下一层建筑面积 3300m²（允许误差在±5%以内） | | | | | | |

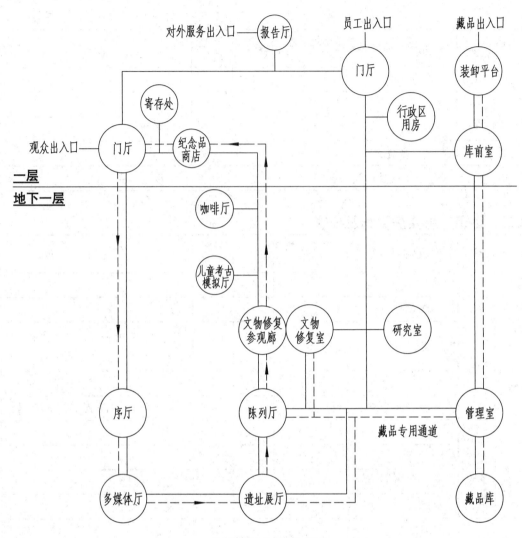

**主要功能关系示意图**

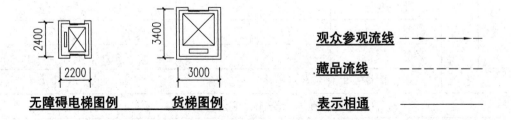

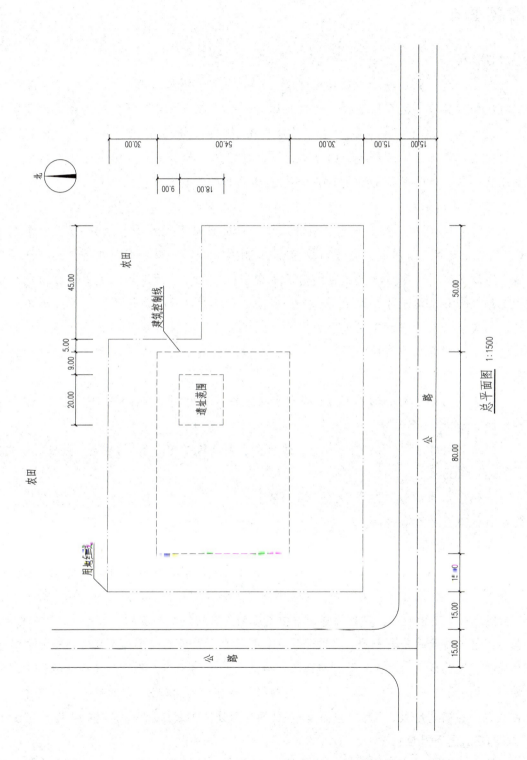

## 解题要点

1. 题目解析：

这是一道以强串联为核心考点的题目，功能类型是遗址博物馆，和2012年博物馆功能有点类似，但相似度极低，只有库区那么一点。题目来源更多的还是近几年的题目，尤其是2019年电影院。依然是考核串联空间的题目，通过什么经什么到达什么的模式，再加上一二层流线的互动、不太友好的面积数，以及防火分区的新内容，都让这个题目难度系数重回2017年旅馆扩建题目的级别。

（1）总体规划：

延续2019年电影院宽松控制线的风格，单层面积3300m$^2$和控制线4320m$^2$形成对比，到底是建筑充满控制线在里面挖内院呢，还是建筑做成集中式放在控制线一侧呢？这个问题又来了，不过这次题目的暗示是文字要求中的下沉广场，说明题目还是延续了电影院题目，院子放在边上还变成了广场，只不过这次是在地下。地下广场不仅是总图的关键，对于平面布局也至关重要，既解决地下室部分房间采光的问题，又能在广场里布置楼梯解决疏散的问题。如果说你没有看到下沉广场的暗示，前面分析的时候也应该能得出两个大思路：

思路1：8m柱网，6x9的布局，短边上在最左跨变个10m的柱网，然后挖4个内院；$S=74 \times 48 - 4 \times 64 \approx 3300m^2$。

思路2：8m柱网，6x9的布局，长边上在上面4跨中变个6m的柱网，做成集中式；$S=72 \times 46 \approx 3300m^2$。

当然，如果能看到这个下沉广场，答案就一目了然了。如果选择了内院布局，好像设计的难度系数会更高。

（2）平面布局：

和2019年电影院一样，依然是从二层展开设计，当然这个题目二层是地下层，反正就不是一层，死磕一层必须死，这是近几年方案作图题目的特点。从30x32的遗址展厅开始入手，前面是序厅和多媒体，后面是陈列和文物修复参观廊，组合好这5个房间，基本上整个建筑就差不多了。当然今年的题目面积不是特别友好，需要你有很好的数学功底或者进行适当的放弃。不过这确实也是方案作图的特点，不光考设计还考语文和数学。176的研究室应该是8x22，88的文物修复廊应该是4x22，80的咖啡、多媒体、考古模拟厅应该是8x10，166的藏品库和90的专用通道加起来应该是4格64等于256。

（3）上下对位：

上下层对位自复考以来就一直是重点和难点，遗址博物馆感觉把对位又发挥到了极致，反正在考场上我是没有处理好。右边的遗址展厅、序厅、多媒体和一层相对来说比较好对，但左边基本上就很难。首先一层肯定要有个内庭院，这个是相对容易推出来的，但大小要根据序厅的共享面积来定，因为题目只说了部分共享并没有明确部分是多大。其次，办公的楼梯、货物的电梯、两组卫生间的对位才是真正的难点，十分不好处理。最后，我也是放弃了办公区卫生间的上下对位，才勉强画完了墨线。

2. 参考答案：

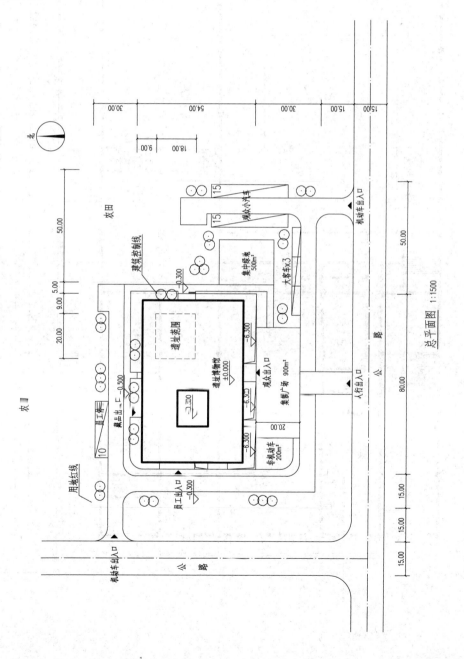

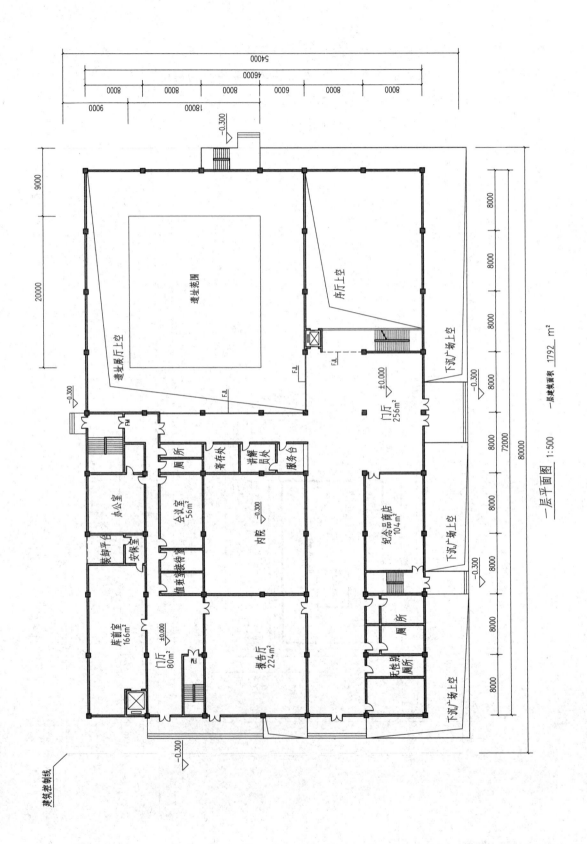

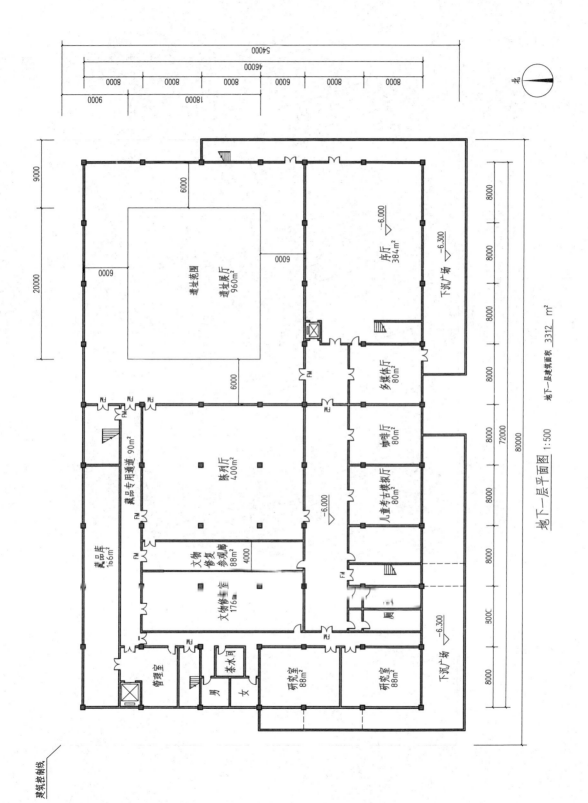

3. 立体模型:

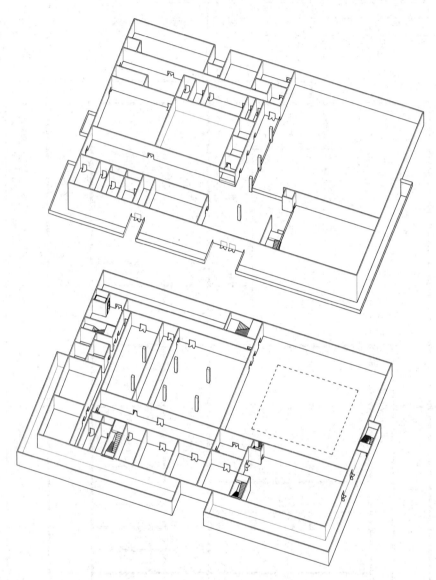

4. 复盘总结:

## 4-6 学生文体活动中心（2021年真题）

### 任务描述：

华南地区某大学拟在校园内新建一座两层高的学生文体活动中心，总建筑面积约 6700m²。

### 用地条件：

建设用地东侧、南侧均为教学区，北侧为宿舍区，西侧为室外运动场，用地内地势平坦，用地及周边条件详见总平面图。

### 总平面设计要求：

在用地红线范围内，合理布置建筑（建筑物不得超出建筑控制线）、露天剧场、道路、广场、停车场及绿化。
1. 露天剧场包括露天舞台和观演区。露天舞台结合建筑外墙设置，面积210m²、进深10m；观演区结合场地布置，面积600m²。
2. 在建筑南、北侧均设400m²人员集散广场和200m²非机动车停车场。
3. 设100m²的室外装卸场地（结合建筑的舞台货物装卸口设置）。

### 建筑设计要求：

学生文体活动中心由文艺区、运动区和穿越建筑的步行通道组成，要求分区明确，流线合理，联系便捷。各功能用房、面积及要求详见表一、表二，主要功能关系见示意图。

一、步行通道

步行通道穿越建筑一层，宽度为9m，方便用地南、北两侧学生通行，并作为本建筑文艺区和运动区主要出入口的通道。

二、文艺区

主要由文艺区大厅、交流大厅、室内剧场、多功能厅、排练室、练琴室等组成，各功能用房应布置合理、互不干扰。

1. 一层文艺区大厅主要出入口临步行通道一侧设置，大厅内设1部楼梯和2部电梯，大厅外建筑南侧设一部宽度不小于3m的室外大楼梯，联系二层交流大厅。多功能厅南向布置，两层通高，与文艺区大厅联系紧密，且兼顾合成排练使用，通过二层走廊或交流大厅可观看多功能厅活动。
2. 二层交流大厅为文艺区和运动区的共享交流空间，兼做剧场前厅及休息厅；二层交流大厅应合理利用步行通道上部空间，与运动区联系紧密，可直接观看羽毛球厅活动。
3. 室内剧场的观众厅及舞台平面尺寸为27m×21m，观众席250座，逐排升起，观众席1/3的下部空间需利用；观众由二层交流大厅进场，经一层文艺区大厅出场，观众厅进出口处设置声闸；舞台上、下场口设门与后台连通，舞台及后台设计标高为0.600，观众厅及舞台平面布置见示意图。
4. 后台设独立的人员出入口，拆装间设独立对外的舞台货物装卸口；拆装间与舞台相通，且与舞美制作间相邻；化妆间及跑场通道兼顾露天舞台使用，跑场通道设置上、下场口连通露天舞台。

### 三、运动区

主要由羽毛球厅、乒乓球室、台球室、健身房、健美操室等组成，各功能用房应布置合理，互不干扰。

1. 运动区主要出入口临步行通道一侧设置，门厅内设服务台，其位置方便工作人员观察羽毛球厅活动。
2. 羽毛球厅平面尺寸为27m×21m，两层通高，可利用高侧窗采光通风；乒乓球室设6张球台，台球室设4张球台，乒乓球、台球活动场地尺寸见示意图。
3. 健身房、健美操室要求南向采光布置。
4. 医务室、器材室、更衣室、厕所应合理布置，兼顾运动区和室外运动场的学生使用。

**其他：**

1. 本设计应符合国家现行规范、标准及规定。
2. 一层室内设计标高为±0.000，建筑室内外高差为150mm。
3. 一层层高为4.2m，二层层高为5.4m（观众厅及舞台屋顶、羽毛球厅屋顶的高度均为13.8m）。
4. 本设计采用钢筋混凝土框架结构，建议主要结构柱网采用9m×9m。
5. 结合建筑功能布局及防火设计要求，合理设置楼梯。
6. 附表中"采光通风"栏内标注#号的房间，要求有天然采光和自然通风。

**制图要求：**

### 一、总平面图

1. 绘制建筑物一层轮廓线，标注室内外地面相对标高；建筑物不得超出建筑控制线（雨篷、台阶除外）。
2. 在用地红线内，绘制并标注露天舞台和观演区、集散广场、非机动车停车场、室外装卸场地、机动车道、人行道及绿化。

3. 标注步行通道、运动区主出入口、文艺区主出入口、后台出入口及舞台货物装卸口。

二、平面图

1. 绘制一层、二层平面图，表示出柱、墙（双线或单粗线）、门（表示开启方向）、踏步及坡道。窗、卫生洁具可不表示。
2. 标注建筑总尺寸、轴线尺寸，标注室内楼、地面及室外地面相对标高。
3. 注明房间或空间名称；标注带＊号房间及空间（见表一、表二）的面积，其面积允许误差在规定面积的 ±10% 以内。
4. 分别填写一层、二层建筑面积，允许误差在规定面积的 ±5% 以内，房间及各层建筑面积均以轴线计算。

## 表一：一层用房、面积及要求

| 功能区 | 房间及空间名称 | | 建筑面积（m²） | 数量 | 采光通风 | 备注 |
|---|---|---|---|---|---|---|
| 步行通道 | 步行通道 | | — | | | 9m 宽，不计入建筑面积 |
| 文艺区 | ＊文艺区大厅 | | 320 | 1 | # | 含服务台及服务间共 60m² |
| | ＊多功能厅 | | 324 | 1 | # | 两层通高 |
| | ＊观众厅及舞台 | | 567 | 1 | | 平面尺寸 27m×21m |
| | 声闸（出场口） | | 24 | 1 | | 2 处，各 12m² |
| | 厕所（临近大厅） | | 80 | 1 | # | 男、女厕及无障碍卫生间 |
| | 后台 | 后台门厅 | 40 | 1 | # | |
| | | 剧场管理室 | 40 | 1 | # | |
| | | ＊拆装间 | 80 | 1 | # | 设装卸口 |
| | | ＊舞美制作间 | 80 | 1 | # | |
| | | ＊化妆间 | 120 | 1 | # | 7 间，每间 18m² |
| | | 更衣室 | 36 | 1 | | 男、女各 18m² |
| | | 厕所 | 54 | 1 | # | 男、女厕各 27m² |
| | | 跑场通道 | — | | | 面积计入"其他" |
| 运动区 | ＊运动区门厅 | | 160 | 1 | # | 含服务台及服务间各 18m² |
| | ＊羽毛球厅 | | 567 | 1 | # | 平面尺寸 27m×21m，可采用高侧窗采光通风 |
| | ＊健身房 | | 324 | 1 | # | |
| | 医务室 | | 54 | 1 | | |

续表

| 功能区 | 房间及空间名称 | 建筑面积（m²） | 数量 | 采光通风 | 备注 |
|---|---|---|---|---|---|
| 运动区 | 器材室 | 80 | 1 | | |
| | 更衣室 | 126 | 1 | # | 男、女（含淋浴间）各63m² |
| | 厕所 | 70 | 1 | # | 男、女厕各35m² |
| 其他 | 楼电梯间、走道、跑场通道等约848m² | | | | |
| 一层建筑面积 4000m²（允许±5%） | | | | | |

## 表二：二层用房、面积及要求

| 功能区 | 房间及空间名称 | 建筑面积（m²） | 数量 | 采光通风 | 备注 |
|---|---|---|---|---|---|
| 文艺区 | *交流大厅 | 450 | 1 | # | 可观看羽毛球厅活动 |
| | 观众厅及舞台 | — | | | 面积计入一层 |
| | 声光控制室 | 40 | 1 | | |
| | 声闸（进场口） | 24 | 1 | | 2处，各12m² |
| | 多功能厅（上空） | — | | | 通过走廊或交流大厅观看本厅活动 |
| | *大排练室 | 160 | 1 | # | |
| | *小排练室 | 80 | 1 | # | |
| | *练琴室 | 126 | 1 | # | 7间，每间18m² |
| | 厕所（服务交流大厅） | 80 | 1 | # | 男、女厕所及无障碍卫生间 |
| | 更衣室 | 36 | 1 | | 男、女各18m² |
| | 厕所（服务排练用房） | 54 | 1 | # | 男、女厕各27m² |
| 运动区 | 羽毛球厅（上空） | — | | | 通过交流大厅观看本厅活动 |
| | *乒乓球室 | 243 | 1 | # | |
| | *健美操室 | 324 | 1 | # | |
| | *台球室 | 126 | 1 | # | |
| | 教练室 | 54 | 1 | # | |
| | 厕所 | 70 | 1 | # | 男、女厕各35m² |
| 其他 | 楼电梯间、走道等约833m² | | | | |
| 二层建筑面积 2700m²（允许±5%） | | | | | |

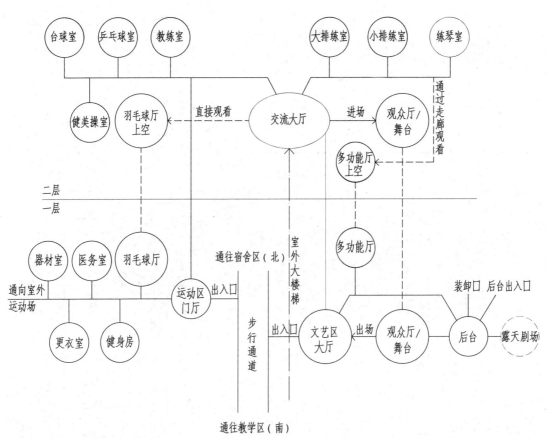

**主要功能关系示意图**

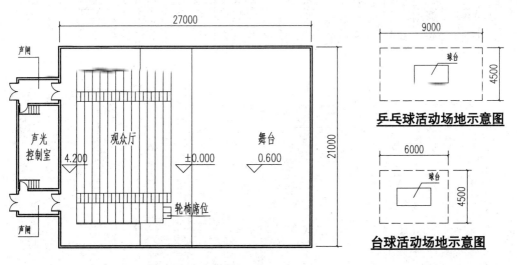

**观众厅及舞台平面布置示意图**

**乒乓球活动场地示意图**

**台球活动场地示意图**

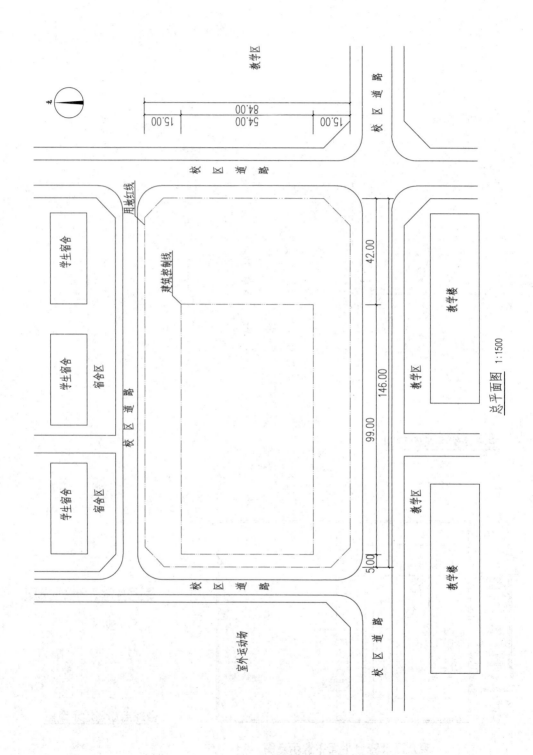

总平面图 1:1500

## 解题要点

### 1. 题目解析：

这是一道回归并联空间考点的题目，规模不大且难度适中，考点设置也比较饱满。我们只需要按部就班做好设计的三步——输入、整合和输出，基本上就能解决题目的问题。

输入的读题转译阶段，文字部分需要注意"观众席1/3的下部空间需利用"，这里主语是观众席而不是观众厅；面积表部分用Mm模块化的方式穷举出主要房间的形状；图例部分是重点，尤其是观众厅及舞台平面布置示意图，内容比较丰富，是解题的关键；总图上现状道路和现状建筑，对新建建筑也有一定程度的暗示。

整合的方案设计阶段，只需要注意走廊形态的简洁性，建筑形态的整体性即可，房间组合基本没有什么太大难度，需要处理的细节也不是很多。

输出的定稿墨线阶段，因为题目难度系数不大，所以一定要重视最终成果的呈现。观众厅的内部布置，乒乓球、台球的球台布置，分区门，尺寸标高标注等内容都要画上。题难看布局，题简单就有可能会拼细节。

（1）宽松控制线

54m×99m 的控制线、9m柱网的建议和 4000m² 的首层面积给建筑轮廓都带来很多种可能，54m×72m 可以，45m×90m 可以，40m×99m 也可以。如果再加上长轴的变跨，短轴的变跨，那变化将会更多。面对越来越宽松的控制线，我们其实完全可以反其道而行之，不用去过度分析总图上的各种可能，而是直接自下而上开始组起。把建筑中和数字21相关的房间，观众厅、羽毛球厅、化妆间、更衣室等排列在一起，然后慢慢拓展出其他房间。

相比往年的宽松控制线，2021年的文体活动中心是双向宽松，空地更大。估计未来可能会有可能会出现不带小控制线，就给我们用地红线和一些退线要求，其实这样也是可以做的，毕竟现实工作就是这样。

（2）空间全并联

并联空间的处理重点其实在走廊，走廊的量、形、质基本就决定了整个建筑的设计质量。量就是走廊多宽，2m、3m还是半跨？形就是走廊的形状，一字形、H形、E字形、口字形、回字形、日字形、目字形等。质就是走廊的位置、质量，和房间关系是否良好，能否自然通风采光等。文体活动中心的走廊基本以3m宽为主，一层走廊是两个H形，二层算是个日字形，在中间的交流大厅处有放大。

（3）上下层流线

2019年的电影院、2020年的遗址博物馆和2021年的文体活动中心有很多相似的点，上下层的互动流线就是其中一个。电影院题目当中，外部人流从二层的候场厅到进场厅再到大观众厅，最后从一层的散场直接到室外或返回大厅；遗址博物馆中，外部人流从门厅通过楼梯到序厅，然后经遗址展厅、陈列厅、展示廊通过楼梯上到一层，穿越强制购物的商店后离开；文体活动中心是外部人流从二层的交流大厅，通过入场口声闸进入观众厅，又通过一层的散场声闸回到文艺区大厅。

规模小的建筑，势必会增加"体"的考核。两个平面不再是两个单独的平面而已，而是会积极地互动起来，流线的互动，空间的互动，面积的互动等。我们处理的时候，也不能先处理完一层然后再考虑另外一层，而是要上下联动，协同考虑。

2.参考答案：

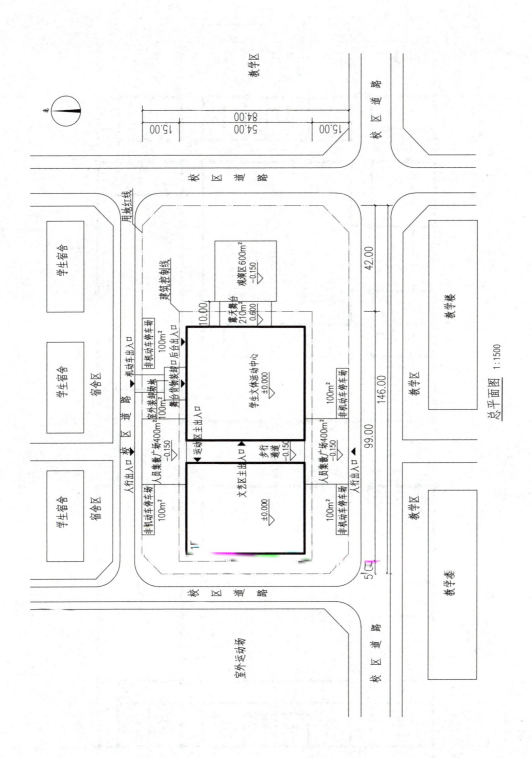

总平面图 1:1500

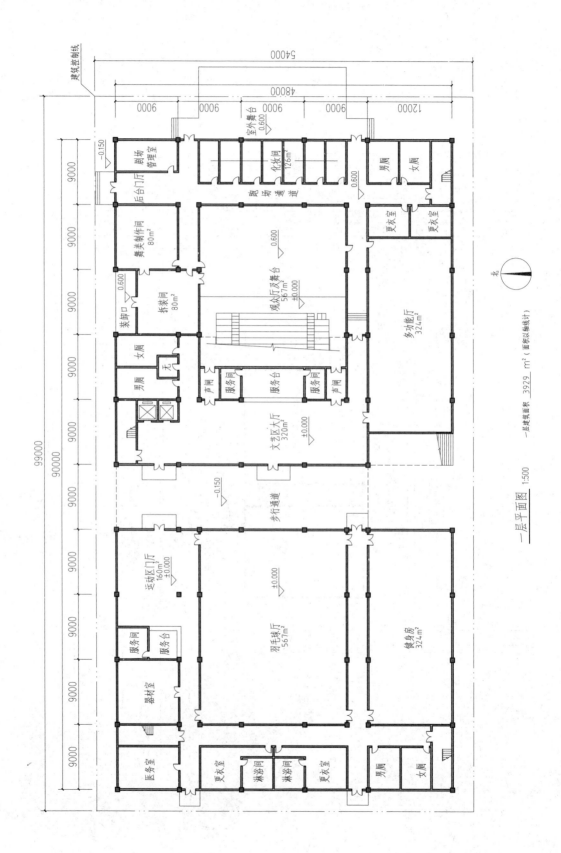

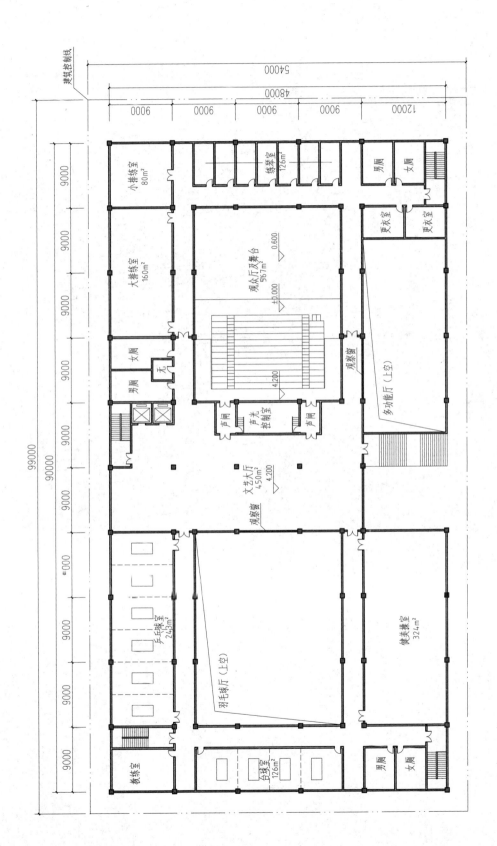

二层平面图 1:500　　二层建筑面积 2700 m²（面积以轴线计）

3. 立体模型:

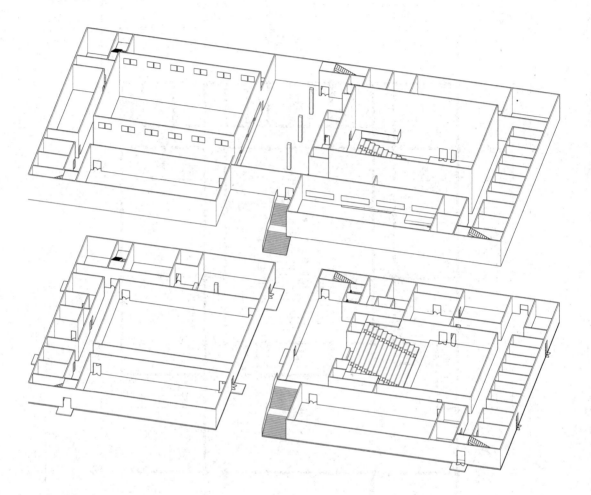

4. 复盘总结:

# 参考文献

- 方案作图历年真题
- 中国建筑工业出版社，中国建筑学会.建筑设计资料集.第三版[M].北京：中国建筑工业出版社，2017.
- （法）勒·柯布西耶.走向新建筑.第2版[M].陈志华译.西安：陕西师范大学出版社，2004.
- 彭一刚.建筑空间组合论：第3版[M].北京：中国建筑工业出版社，2011.
- 建筑设计防火规范：GB 50016-2014[S].北京：中国计划出版社，2014.
- （美）纳西姆·尼古拉斯·塔勒布.反脆弱[M].雨珂译.北京：中信出版社，2014.
- （美）瑞·达里欧.原则[M].刘波，綦相译.北京：中信出版社，2018.
- （美）丹尼尔·卡尼曼.思考，快与慢[M].胡晓姣，李爱民，何梦莹译.北京：中信出版社，2012.
- （英）马特·里德利著.自下而上[M].闾佳译.北京：机械工业出版社，2017.

# 电梯语录

- 2022 年的题就在历年真题当中。
- 年年岁岁题相似，岁岁年年人不同。
- 懂出题人的人都过了，不懂的人还在抱怨。
- 按题目作答，让干啥干啥。
- 最好的套路就是没有套路。
- 题目的限制越多，方案反而越好做。
- 重要房间优先布，三无房间保颜值。
- 先角后边再中间，定性完了定量算。
- 自上而下靠切分，自下而上靠组合。
- 图底互换，排房间和布交通可以互换，鸡汤和技巧也可以互换。
- 水平有限，时间有限，不行就一条廊两排房，起码看着简单。
- 感性判断，理性计算，二者合一，毁天灭地。
- 北京线下课某同学：你会的就做对，你不会别人也不会。
- 别人都在死磕一层，从二层切入反倒是个捷径。
- 我们要通过练习真题，给考试设定一个难度系数。
- 考试或练习的时候，如果题难了，可能是忽略了什么暗示。简单了，可能是忽略了什么要求。
- 做完练习不复盘，基本就是狗熊掰棒子。
- 复杂事情简单化，简单事情重复做，重复事情用心做。
- 万事留余地，时间留余地，分数留余地，方法留余地。
- 能够被量化的东西都不重要（除了时间）。
- 功夫就是功夫，功夫就是时间。
- 每个人都有做设计的天赋，只不过需要通过大量的练习来激活，其他行业何尝不是这样。神枪手都是子弹喂出来的。
- 把出题人当朋友，一注已经过一半了；把消防电梯当朋友，你就过了另一半。
- 复习考试的时候，谁不加班，谁没孩子，无非就是看谁能逆风前行，顶住压力，耐住寂寞，坚持并走到最后。
- 现在你以为看懂了这些话，其实可能并没有。等你真正遇到了问题，才会恍然大悟。
- 不要相信那些不允许被怀疑的理论和方法，所以说，上面这些话看看就完了。

**消防电梯 | 设计师,作家**

知识付费专栏【方案作图精品课】主理人

微信公众号【半小时·设计课】创始人

一注社群【九门协会】发起人

微信公众号：半小时设计课

客服微信：banxiaoshi2020